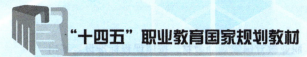

"十四五"职业教育国家规划教材

职业教育课程改革与创新系列教材

安防系统安装与调试

主　编　叶家敏
副主编　宋晓峰
参　编　吴卫石　沙金龙　陈国强
　　　　曹　律　郭辉兵　李建国

机械工业出版社

本书为"十四五"职业教育国家规划教材，按照课程标准设置了出入口控制系统的安装与调试、入侵和紧急报警系统的安装与调试、视频监控系统的安装与调试、楼寓对讲系统的安装与调试、电子巡查系统的安装与调试，以及停车库（场）管理系统的安装与调试6个项目。每个项目按照"学习目标—知识准备—工作任务—计划制订—任务实施—任务验收—工作评价—课后作业"的顺序进行编写。

本书中每个项目又具体包含方案设计与设备选型，设备安装、接线和调试，管理软件安装与使用和系统检查和评价等内容，便于课时划分和教学活动的开展。本书通过丰富的互动设计和过程评价，依托在线开放课程平台，实现线上线下混合式教学新模式。

本书可作为中等职业学校建筑智能化设备安装与运维专业及其相关专业的教材，也可作为物业管理从业人员的参考读本。本书配套有学习单、电子课件、教案和视频二维码。本书对应的课程已在上海市中等职业学校在线开放课程平台（kfkc.shedu.net）上展示，选用本书作为授课教材后可以使用该平台开展混合式教学。

图书在版编目（CIP）数据

安防系统安装与调试/叶家敏主编. —北京：机械工业出版社，2021.12
（2025.2重印）
职业教育课程改革与创新系列教材
ISBN 978-7-111-69695-7

Ⅰ.①安… Ⅱ.①叶… Ⅲ.①建筑物-安全设备-设备安装-职业教育-教材②建筑物-安全设备-调试方法-职业教育-教材 Ⅳ.①TU89

中国版本图书馆CIP数据核字（2021）第244779号

机械工业出版社（北京市百万庄大街22号　邮政编码100037）
策划编辑：赵红梅　　　　责任编辑：赵红梅　戴　琳
责任校对：张　征　李　婷　封面设计：马精明
责任印制：常天培
北京机工印刷厂有限公司印刷
2025年2月第1版第6次印刷
184mm×260mm·13印张·314千字
标准书号：ISBN 978-7-111-69695-7
定价：39.90元

电话服务　　　　　　　　网络服务
客服电话：010-88361066　机　工　官　网：www.cmpbook.com
　　　　　010-88379833　机　工　官　博：weibo.com/cmp1952
　　　　　010-68326294　金　书　网：www.golden-book.com
封底无防伪标均为盗版　机工教育服务网：www.cmpedu.com

关于"十四五"职业教育
国家规划教材的出版说明

为贯彻落实《中共中央关于认真学习宣传贯彻党的二十大精神的决定》《习近平新时代中国特色社会主义思想进课程教材指南》《职业院校教材管理办法》等文件精神，机械工业出版社与教材编写团队一道，认真执行思政内容进教材、进课堂、进头脑要求，尊重教育规律，遵循学科特点，对教材内容进行了更新，着力落实以下要求：

1. 提升教材铸魂育人功能，培育、践行社会主义核心价值观，教育引导学生树立共产主义远大理想和中国特色社会主义共同理想，坚定"四个自信"，厚植爱国主义情怀，把爱国情、强国志、报国行自觉融入建设社会主义现代化强国、实现中华民族伟大复兴的奋斗之中。同时，弘扬中华优秀传统文化，深入开展宪法法治教育。

2. 注重科学思维方法训练和科学伦理教育，培养学生探索未知、追求真理、勇攀科学高峰的责任感和使命感；强化学生工程伦理教育，培养学生精益求精的大国工匠精神，激发学生科技报国的家国情怀和使命担当。加快构建中国特色哲学社会科学学科体系、学术体系、话语体系。帮助学生了解相关专业和行业领域的国家战略、法律法规和相关政策，引导学生深入社会实践、关注现实问题，培育学生经世济民、诚信服务、德法兼修的职业素养。

3. 教育引导学生深刻理解并自觉实践各行业的职业精神、职业规范，增强职业责任感，培养遵纪守法、爱岗敬业、无私奉献、诚实守信、公道办事、开拓创新的职业品格和行为习惯。

在此基础上，及时更新教材知识内容，体现产业发展的新技术、新工艺、新规范、新标准。加强教材数字化建设，丰富配套资源，形成可听、可视、可练、可互动的融媒体教材。

教材建设需要各方的共同努力，也欢迎相关教材使用院校的师生及时反馈意见和建议，我们将认真组织力量进行研究，在后续重印及再版时吸纳改进，不断推动高质量教材出版。

机械工业出版社

前　言

"安防系统安装与调试"是专门为中等职业学校建筑智能化设备安装与运维专业设置的一门专业课程。通过对该课程的学习，学生可掌握建筑安防系统的基本知识，学会建筑安防系统设备基本操作技能，初步具备安防系统的分析、安装、调试等专业能力，为今后就业与深造打下良好的基础。

本书以国家标准、行业标准为依据，以职业能力培养目标为主线，以工程实际案例为载体，借鉴"行为导向法"职业教育课程模式，进行"学习领域、学习情境、学习任务"的三层教学设计，按"资讯、决策、计划、实施、检查、评价"六个步骤组织内容，突出实践应用能力，利于培养学生的职业规范意识和职业道德，提升学生的综合职业素养。

本书内容紧紧围绕建筑智能化设备安装与运维所需职业能力，强调能力训练，兼顾科学、技术、经济、管理的综合素质培养，为学生在知识和技能等方面的协调发展提供平台，以促进学生形成健全的人格，体现学生个性发展的时代特征，引导学生的兴趣，激发学生的潜能，为学生"适应社会、服务企业、发展自我"打下扎实的基础。

本书编写分工如下：项目一由曹律编写，项目二由宋晓峰编写，项目三由沙金龙编写，项目四、项目五由叶家敏编写，项目六由吴卫石编写，陈国强、郭辉兵和李建国参与项目实训模块的编写。全书由叶家敏负责策划和统稿。本书在编写过程中得到了上海良相智能化工程有限公司、上海市科瑞物业管理有限公司、上海市紫泰物业管理有限公司的鼎力相助，在此对这些单位致以最衷心的谢意！

由于编者水平有限，书中难免有疏漏和不妥之处，敬请读者提出批评与改进意见。

编　者

二维码清单

名　　称	图形	名　　称	图形
1-1 安装出门按钮		2-2 入侵和紧急报警系统安装1	
1-2 安装读卡器		2-3 入侵和紧急报警系统安装2	
1-3 安装指纹门禁机		2-4 防区接线	
1-4 出入口控制系统接线		2-5 总线和电源等接线	
1-5 出入口控制系统调试1-指纹门禁机操作		2-6 系统布防操作	
1-6 出入口控制系统调试2-系统调试和IC卡开门		2-7 总线和电源等接线	
1-7 出入口控制系统调试3-密码和指纹门禁开门		2-8 键盘编程操作	
2-1 入侵和紧急报警系统		2-9 报警软件配置	

（续）

名　　称	图形	名　　称	图形
2-10 系统调试操作		3-10 管理软件基本操作和云台控制	
3-1 视频监控系统		3-11 移动侦测报警	
3-2 摄像机安装视频		3-12 视频丢失报警	
3-3 视频监控系统接线		3-13 越界侦测报警	
3-4 监控区域名称调试		3-14 红外对射探测器报警联动	
3-5 监控通道名称调试		3-15 手动录像、抓图和远程回放	
3-6 红外报警联动		3-16 报警信息和异常事件查看	
3-7 移动侦测调试		4-1 安装单元门口机	
3-8 进入区侦测调试		4-2 安装非可视分机	
3-9 客户端软件调试		4-3 安装可视室内分机	

（续）

名　称	图形	名　称	图形
4-4 安装管理中心机		4-14 密码设置与开门演示	
4-5 安装层间分配器		4-15 IC 卡设置与开门演示	
4-6 安装联网器		4-16 楼寓对讲系统软件调试	
4-7 安装电磁锁		5-1 电子巡查系统应用现场	
4-8 安装出门按钮		5-2-1 巡查点安装视频	
4-9 安装通信转换模块		5-2-2 巡查软件基本设置	
4-10 楼寓对讲系统设备安装		5-3 巡查系统路线和计划设置	
4-11 楼寓对讲系统接线		5-4 巡更操作和计划考核	
4-12 联网器和室内分机地址设置		6-1 停车库（场）实训设备介绍	
4-13 住户开门密码和公用密码调试		6-2 停车库（场）实训设备接线	

（续）

名　　称	图形	名　　称	图形
6-3-1 停车库（场）车辆进出模拟		6-4 手动开关道闸	
6-3-2 停车库（场）管理软件应用		6-5 防砸车防尾随	

目 录

前 言
二维码清单

项目一　出入口控制系统的安装与调试　…………………………………………………… 1
项目二　入侵和紧急报警系统的安装与调试　……………………………………………… 28
项目三　视频监控系统的安装与调试　……………………………………………………… 69
项目四　楼寓对讲系统的安装与调试　……………………………………………………… 114
项目五　电子巡查系统的安装与调试　……………………………………………………… 142
项目六　停车库（场）管理系统的安装与调试　…………………………………………… 166
参考文献　…………………………………………………………………………………… 195

项目一　出入口控制系统的安装与调试

  学习目标

1. 了解出入口控制系统的功能概述、应用场合、系统组成和主要设备功能等内容。
2. 能够根据客户需求进行方案设计，绘制系统图。
3. 能够进行出入口控制系统的设备选型及配置建议。
4. 能够进行出入口控制系统的设备安装、接线和调试。
5. 能够进行出入口控制系统管理软件的参数设置和调试。
6. 了解出入口控制系统的项目功能检查与规范验收。
7. 养成自觉遵守和运用标准规范、认真负责、精益求精的工匠精神。
8. 养成职业规范意识和团队意识，提升职业素养。

  知识准备

一、应用现场

出入口控制系统是利用自定义符识别和（或）生物特征等模式识别技术对出入口目标进行识别，并控制出入口执行机构启闭的电子系统。出入口控制系统俗称门禁系统，应用现场如图1-1所示。出入口控制系统的工作原理是在需要控制的出入口安装受电锁装置和感应器（如电子密码键盘、读卡器、指纹阅读器等）控制的电控门，授权人员持有效证卡、密码或自己的指纹就可以开启电控门，所有出入资料都被后台计算机记录在案，通过后台计算机可以随时修改授权人员的进出权限。

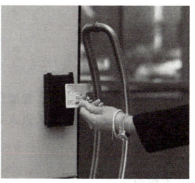

图1-1　出入口控制系统应用现场

1

图 1-1　出入口控制系统应用现场（续）

当出入口目标进出控制门时，出入口控制系统可以识读该目标的信息，同时做出判断，发出指令。若信息正确，发出有效指令；若信息错误，发出无效指令，同时报警并记录相关信息，如图 1-2 所示。

常见的出入口控制系统应用形式有密码出入口控制、感应卡出入口控制、指纹虹膜掌形生物识别出入口控制等，如图 1-3 和图 1-4 所示。出入口控制系统的主要功能就是实现"何人、何时、何地、何事"的管理，即对什么人在什么时间、哪个区域的门、进或出进行控制。系统可对进出人员的权限进行控制，也可对进出记录进行监控。

图 1-2　出入口控制系统的工作原理

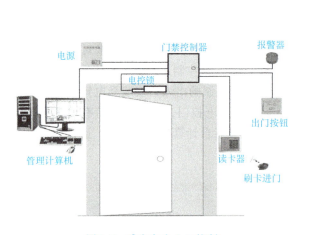

图 1-3　感应卡出入口控制

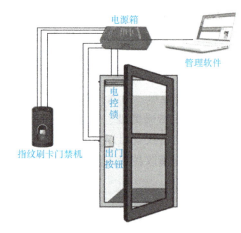

图 1-4　指纹出入口控制

出入口控制系统适用于企业、智能住宅小区、银行、宾馆、机房、智能大楼等，可有效管理人员进出，防止没有授权的人进入某些区域，并对进出人员实现量化统计管理等。

二、知识导入

（一）系统组成

出入口控制系统主要由识读部分、传输部分、管理/控制部分和执行部分以及相应的系统软件组成，如图 1-5 所示。

图 1-5　出入口控制系统组成

钥匙用于操作出入口控制系统、取得出入权的信息和/或其载体，具有表示人和/或物的身份、通行的权限、对系统的操作权限等单项或多项功能，通常包括 PIN、载体凭证（如 IC 卡、信息钮、RFID 标签）、模式特征信息等。

识读部分能通过识读现场装置获取操作及钥匙信息并对目标进行识别，应能将信息传递给管理/控制部分处理，能接收管理/控制部分的指令，对识读装置的各种操作和接收管理/控制部分的指令有相应的声和/或光提示。

管理/控制部分具有对钥匙的授权功能，使不同级别的目标对各个出入口有不同的出入权限，可对系统操作（管理）员的授权、登录、交接进行管理，并设定操作权限，使不同级别的操作（管理）员对系统有不同的操作能力。管理/控制部分将出入事件、操作事件、报警事件等记录存储于系统的相关载体中，并能形成报表以备查看。

执行部分的闭锁部件或阻挡部件在出入口关闭状态和拒绝放行时，其闭锁力、阻挡范围等性能指标应满足使用、管理要求。出入准许和拒绝采用声、光、文字、图形、物体位移等多种指示。出入口开启时，出入目标通过的时限应满足使用、管理要求。

出入口控制系统有多种构建模式。按其硬件构成模式划分，可分为一体型和分体型；按现场设备连接方式划分，可分为单出入口控制设备、多出入口控制设备；按联网模式划分，可分为总线制、环线制、单级制、多级制；按其管理/控制方式划分，可分为独立控制型、联网控制型和数据载体传输控制型。

一体型出入口控制系统的各个组成部分通过内部连接、组合或集成在一起，实现出入口控制的所有功能。分体型出入口控制系统的各个组成部分在结构上有分开的部分，也有通过不同方式组合的部分。

独立控制型出入口控制系统管理/控制部分的全部显示、编程、管理、控制等功能均在一个设备（出入口控制器）内完成。联网控制型出入口控制系统管理/控制部分的全部显示、编程、管理、控制等功能不在一个设备（出入口控制器）内完成。其中，显示、编程功能由另外的设备完成，设备之间的数据传输通过有线和/或无线数据通道及网络设备实现。数据载体传输控制型出入口控制系统与联网型出入口控制系统的区别仅在于数据传输方式的不同。其管理/控制部分的全部显示、编程、管理、控制等功能不是在一个设备（出入口控制器）内完成。其中，显示、编程工作由另外的设备完成，设备之间的数据传输通过对可移动的、可读写的数据载体的输入/导出操作完成。

（二）主要设备

1. 门禁控制器

门禁控制器是出入口控制系统的核心部分，相当于计算机的 CPU，它负责整个系统输入、输出信息的处理、储存及控制等，如图 1-6 所示。

2. 读卡器（识别仪）

读卡器（识别仪）是出入口控制系统读取卡片中数据（生物特征信息）的设备，如图 1-7 所示。读卡器分为如下两类。

图 1-6　门禁控制器

1）控制器自带读卡器（识别仪）：这种设计的缺陷是控制器须安装在门外，因此，部分控制线必须露在门外，内行人无须卡片或密码可以轻松开门。

2）控制器与读卡器（识别仪）分体：这类系统控制器安装在室内，只有读卡器输入线露在室外，其他所有控制线均在室内，而读卡器传输的是数字信号，因此，若无有效卡片或密码任何人都无法进门。

3. 电控锁

电控锁是出入口控制系统中锁门的执行部件，如图 1-8 所示。用户应根据门的材料、出门要求等需求选取不同的锁具。

图 1-7　读卡器　　　　　　　　图 1-8　电控锁

4. 其他设备

1）出门按钮：开门的设备，适用于对出门无限制的情况，如图 1-9 所示。

2）门磁：用于检测门的安全/开关状态等，如图 1-10 所示。

图 1-9　出门按钮　　　　　　　　图 1-10　门磁

3）电源：整个系统的供电设备，分为普通和后备式（带蓄电池的）两种。

4）门禁卡：可以在卡片上打印持卡人的个人照片，开门卡、胸卡合二为一。

5. 传输部分

传输部分主要包含电源线和信号线。如门禁控制器、读卡器、电控锁都需要供电，门禁控制器与读卡器、门磁之间需要有信号线等。

（三）系统结构图

出入口控制系统图和框图分别如图 1-11 和图 1-12 所示。

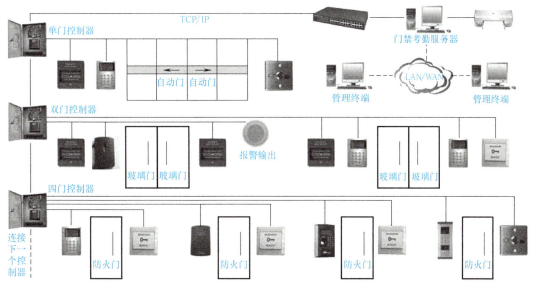

图 1-11　出入口控制系统图

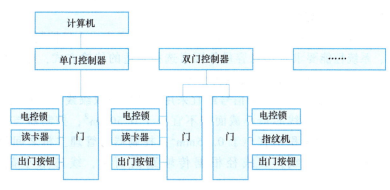

图 1-12　出入口控制系统框图

（四）施工流程图

出入口控制系统施工流程如图 1-13 所示。

（五）设备选型原则

出入口控制系统要实用、稳定、安全、可扩展、可兼容，而且要易于维护。设备选型应符合防护对象的风险等级、防护级别、现场的实际情况、通行流量等要求，安全管理要求和设备的防护能力要求，对管理/控制部分的控制能力、保密性的要求，信号传输条件的限制对传输方式的要求，出入目标的数量及出入口数量对系统容量的要求，与其他子系统集成的要求。

1. 编码识读设备选型

磁卡识读设备适用于人员出入口，室外安装需要选用密封性能良好的产品，不适合尘土较多、磁场较强的场所。

普通密码键盘、乱序密码键盘适用于授权目标较少的场所，不易经常更换密码。

操作指纹识读设备、掌形识读设备时需要人体接触识读设备，识读速度快，适合室内安装，不适合安装在医院等容易引起交叉感染的场所。

虹膜识读设备需要人体配合程度很高，面部识读设备易用性好，适用于环境亮度适宜、变化不大的场所，不适用于背光较强的地方。

2. 执行设备选型

单向开启、平开木门常采用的执行设备有阴极电控锁、一体化电子锁、磁力锁、阳极电控锁和自动平开门机。

图 1-13 出入口控制系统施工流程图

单向开启、平开玻璃门常采用的执行设备有带专用玻璃门夹的阳极电控锁、磁力锁和玻璃门夹电控锁。

金属防盗门常采用的执行设备有电控撞锁、磁力锁和自动门机等。

防尾随人员快速通道常采用的执行设备有电控三辊闸和自动启闭速通门。

（六）系统传输和供电方式

信号传输方式分为有线传输和无线传输两种方式。应考虑出入口控制点位分布、传输距离、环境条件、系统性能要求及信息容量等因素选择合适的传输方式，保证信号传输的稳定、准确、安全、可靠。应优先选用有线传输方式。

识读设备与控制器之间的通信用信号线宜采用多芯屏蔽双绞线；门磁及出门按钮与控制器之间的通信用信号线的线芯最小截面积不宜小于 $0.50mm^2$；控制器与执行设备之间的绝缘导线的线芯最小截面积不宜小于 $0.75mm^2$；控制器与管理主机之间的通信用信号线宜采用双绞铜芯绝缘导线，其线径根据传输距离而定，线芯最小截面积不宜小于 $0.50mm^2$。

应根据安全防范诸多因素，并结合安全防范系统所在区域的风险等级和防护级别，合理选择主电源形式及供电模式。市电网做主电源时，电源容量应不小于系统或所带组合负载满载功耗的 1.5 倍。市电网供电制式宜为 TN-S 制。备用电源可使用二次电池及充电器、UPS 电源、发电机。备用电源应保证系统连续工作不少于 48h，且执行设备能正常开启 50 次以上。

安全防范系统的电能输送主要采用有线方式的供电线缆。按照路由最短、汇聚最简、传输消耗最小、可靠性高、代价最合理、无消防安全隐患等原则对供电的能量传输进行设计，确定合理的电压等级，选择适当类型的线缆，规划合理的路由。

（七）系统实训模块

1. 出入口控制系统实训模块组成

出入口控制系统实训模块主要由双门控制器、ID 卡读卡器、指纹门禁机、ID 卡、电控

项目一 出入口控制系统的安装与调试

锁、开门按钮等组成,如图1-14所示。设备清单见表1-1。

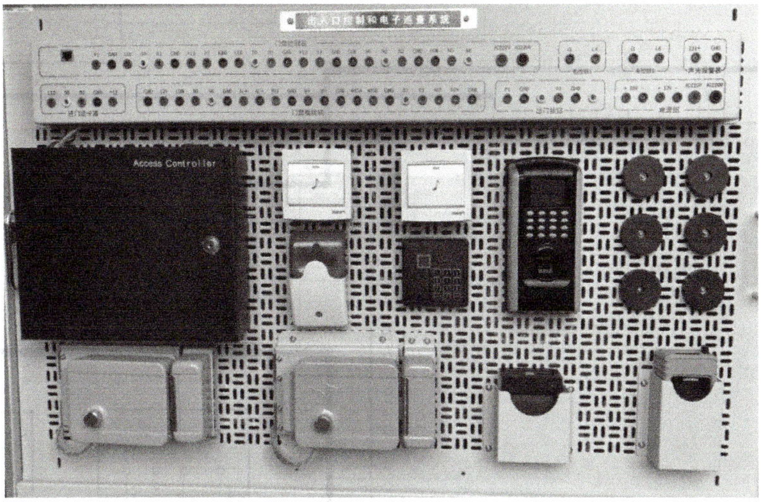

图1-14 出入口控制系统实训模块

表1-1 出入口控制系统设备清单

序号	名称	品牌	型号	规格
1	门禁控制器	致能	ZN2002T	两出两进
2	指纹门禁机	致能	ZK-F7	韦根协议
3	读卡器	致能	ZNR-L26ID	
4	发卡器	致能	ZN-ICM30	
5	ID卡	—	CD-EM4100HF	
6	电控锁	福鑫	单胆	
7	出门按钮	鸿雁	R86KL1-6BⅡ	
8	电源	—	ZN-P50	

2. 出入口控制系统接线图

出入口控制系统接线图如图1-15所示。

3. 出入口控制系统实训模块接线图

出入口控制系统实训模块接线图如图1-16所示。

(八)系统管理软件

1. 准备工作

1)确认已经用网线将控制器的通信网口连至计算机网口上。

2)确认出入口控制系统接线正确无误。

3)打开总电源开关,此时设备面板上的电源指示灯应点亮,同时打开计算机显示器的开关,启动计算机。

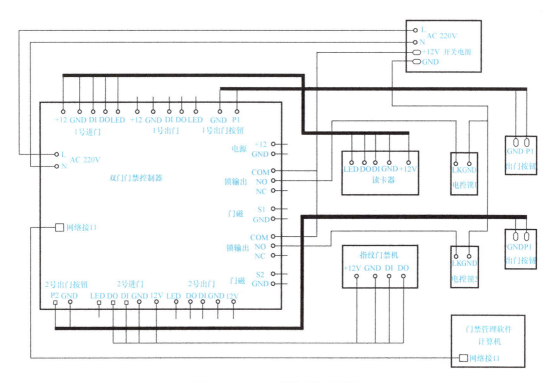

图 1-15 出入口控制系统接线图

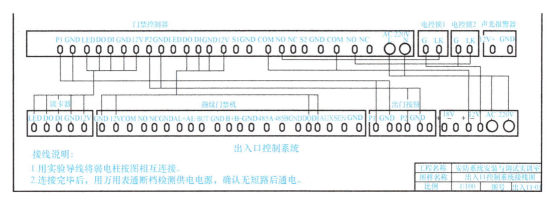

图 1-16 出入口控制系统实训模块接线图

2. 设置控制器

双击桌面钥匙图标,进入登录界面。输入默认的用户名(abc)和密码(123)(注意:用户名用小写)。登录后显示主操作界面,如图 1-17 所示。

单击菜单"设置"→"控制器",进入"控制器"界面,如图 1-18 所示。

单击"添加"按钮,可以定义系统中的控制器,如图 1-19 所示。

单击菜单"设置"→"控制器"→"搜索"按钮,可以搜索到局域网内联网的门禁控制器,如图 1-20 所示。搜索大约需 5s。

项目一　出入口控制系统的安装与调试

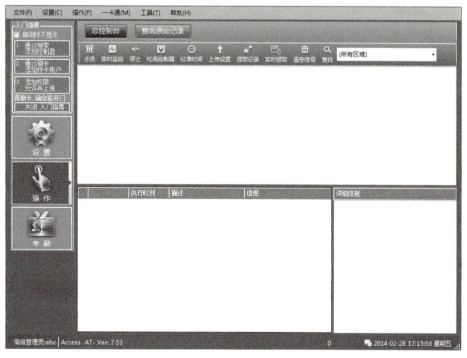

图 1-17　主操作界面

图 1-18　"控制器"界面

图 1-19　添加控制器

单击"修改该控制器网络参数"按钮，进入"IP 配置"界面，如图 1-21 所示。

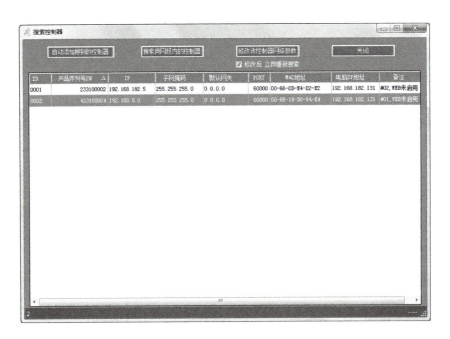

图 1-20　自动搜索控制器

图 1-21　控制器 IP 配置

在"IP""子网掩码""默认网关"文本框中输入相应内容,子网掩码及默认网关一定要与控制器所在网段一致。

单击菜单"操作"→"总控制台"按钮,选定某个门并单击。"检测控制器"按钮后将显示该门所在控制器的基本信息,运行信息中如果有黄色提示,表示控制器的设置和软件设置不一样,请进行上传设置以实现一致。

如果图标显示成绿色,表示通信正常,如图 1-22 所示。

如果图标显示成红色叉,表示通信不正常,如图 1-23 所示。运行信息会提示"通信不上"。其可能的原因是控制器序列号输入错误或者通信接线错误等。

3. 设置区域

在菜单处依次单击"设置"→"区域"按钮,进入"控制器区域管理"界面,可以根据

项目一　出入口控制系统的安装与调试

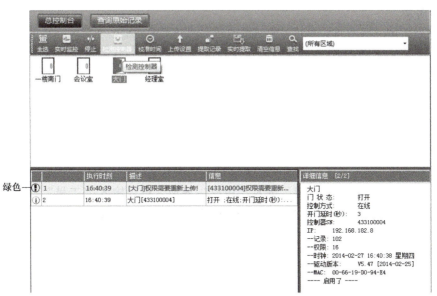

图 1-22　总控制台

图 1-23　"通信不上"显示信息

需要设置多级别区域名称，如图 1-24 所示。

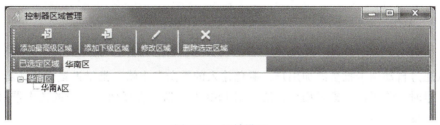

图 1-24　区域设置

4. 设置部门

单击"设置"→"部门"按钮，进入"部门"界面。可以添加最高级部门和下级部门，

11

如图 1-25 所示。

图 1-25　部门设置

5. 添加用户

单击"设置"→"用户"按钮，进入"用户"界面。可以输入"工号""姓名"和"卡号"，并选择"部门"和单击选择相片"选相片"按钮，如图 1-26 所示。

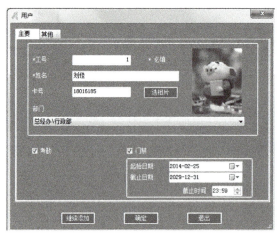

图 1-26　用户添加

注意：工号和姓名必须填写，卡号用读卡器刷卡获取。

在"用户"界面可以看到用户信息，如图 1-27 所示。

图 1-27　"用户"界面

6. 自动发卡

可以通过自动刷卡批量添加用户，避免输入的繁杂和出错。批量设置卡片或者卡片上没有印刷卡号时，均可以考虑采用该方法，用 USB 发卡器或者任何一个门的读卡器做发卡器，可实现自动发卡功能。

单击"设置"→"用户"→"自动添加"按钮，进入"自动添加用户"界面，如图 1-28 所示。

输入"起始卡号"与"截止卡号"，如图 1-29 所示。

项目一 出入口控制系统的安装与调试

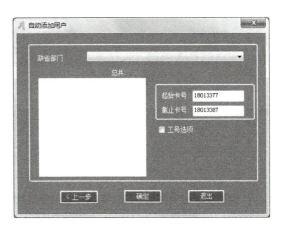

图 1-28 自动添加用户　　　　　　　　　图 1-29 卡号设置

通过自动添加功能添加用户时，持卡人的姓名默认以"N+卡号"的方式命名，可以通过"修改"按钮来修改用户的姓名和其他信息（除卡号外）。

7. 挂失卡片

当用户丢失门禁卡后，为了避免造成损失，可在软件中单击菜单"设置"→"用户"→"挂失"按钮进入"挂失"界面，及时对丢失的卡进行挂失操作。

如要挂失用户"刘佳"的卡，卡号是"18016185"，具体操作如下：

1）在用户表中找到该用户，然后单击"挂失"，如图 1-30 所示。

2）旧卡号"18016185"会自动显示在"挂失卡卡号"文本框中，在"新卡卡号"文本框中输入新的卡号"20806866"。单击"确定"按钮，如图 1-31 所示。

图 1-30 卡挂失　　　　　　　　　　　　图 1-31 挂失时同时补办新卡

3）如果该用户卡已有权限，挂失后，同时上传给控制器，若控制器通信不上，会弹出如图 1-32 所示提示信息。

用户"刘佳"的卡挂失上传后，再使用旧卡"18016185"刷卡是不能开门的，只有使用新卡"20806866"才可以刷卡开门，如图 1-33 所示。

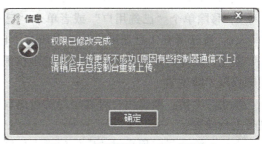

图 1-32 控制器通信不上反馈信息

13

图 1-33 开门信息

如果某用户丢了卡，进行了挂失操作后，已分配了新的卡号，之后又找到了旧卡，那旧卡要怎么处理？方法：旧卡仍然可以继续分配给新用户使用。

如果某用户离开后，不再使用门禁系统，要如何操作？方法：千万不能在"用户"界面中直接删除此人，可以通过挂失处理，但是在新卡号栏中不要输入内容，即该人员的卡号为空。这样，这张卡就可以分配给别的人员使用了。

8. 权限管理

单击菜单"设置"→"权限"按钮，进入"权限"界面，如图 1-34 所示。

图 1-34 "权限"界面

单击"添加删除权限"按钮，进入"权限管理"界面，如图 1-35 所示。

>>：选择所有"用户"或者选择所有"可选门"。

>：选择单个"用户"或者选择单个"可选门"。

<：移除单个"已选用户"或者单个"已选门"。

<<：移除所有"已选用户"或者所有"已选门"。

禁止：删除指定用户对选定门的进出权限，必须在总控制台上传设置给相应的控制器，删除权限才能生效。

禁止并上传：删除用户对选定门的进出权限，同时上传给控制器，不需要再到总控制台进行上传设置。

允许：添加指定用户对选定门的进出权限，必须在总控制台上传设置给相应的控制器，

项目一　出入口控制系统的安装与调试

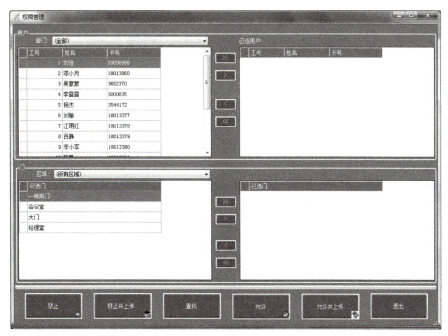

图 1-35 "权限管理"界面

添加的权限才能生效。

允许并上传：添加指定用户对选定门的进出权限，同时上传给控制器，不需要再到总控制台进行上传设置。

9. 上传设置

单击菜单"操作"→"总控制台"按钮，进入"总控制台"界面，如图 1-36 所示。

图 1-36 "总控制台"界面

选择要上传的门，可以按住<Ctrl>键进行多选，或者单击"全选"按钮进行选择，单击"上传设置"按钮，然后单击"确定"按钮，如图 1-37 所示。

上传设置成功后，会显示图 1-38 所示的提示信息。

该功能的主要作用是将门禁管理系统中所设置的参数和用户卡权限等资料上传到控制器，使控制器按照所设置的命令动作。

注意：所有的设置完成后，都应该上传给控制器，没有必要设置一个上传一个，可以全部设置完毕后统一上传。

图 1-37 上传设置

15

图 1-38　上传设置成功

10. 密码设置

使用密码开门，需要启用软件的扩展功能。可在菜单"工具"→"扩展功能"中启用。勾选"启用密码键盘管理"按钮，单击"确定"按钮后输入启用密码"5678"，如图 1-39 所示。

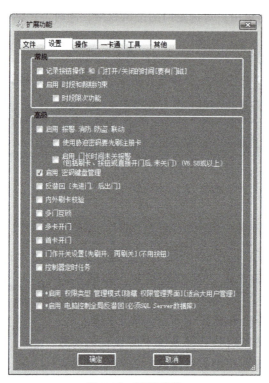

图 1-39　扩展功能

如果出入口需要设置统一的开门密码，可以使用"超级通行密码"功能。

在软件界面单击"设置"→"密码管理"→"超级通行密码"按钮,进入"超级通行密码"标签页,如图 1-40 所示。

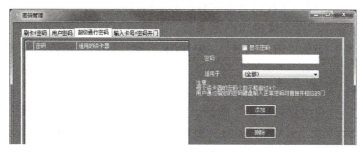

图 1-40 "超级通行密码"标签页

设置超级通行密码,可以针对所有控制器,也可以针对某个控制器的各个读卡器,每个读卡器最多可以设置 4 个超级通行密码,密码可以设置为 6 位任意数字。

输入密码后,选择适用的控制器,单击"添加"按钮完成密码添加,如图 1-41 所示。

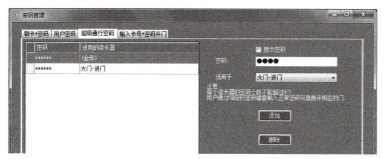

图 1-41 超级通行密码设置

设置好启用密码键盘和用户密码后,需要单击"操作"→"总控制台"→"上传设置"按钮,上传设置后才能生效。

11. 注册指纹开门用户

可通过 USB 设备(如指纹采集器)和指纹设备(如指纹门禁机)两种方式注册登记用户指纹。下面以指纹门禁机为例介绍注册指纹开门用户的方法。

1)进入用户管理。按下指纹门禁机的"M"键,观察指纹门禁机液晶屏幕,再按"OK"键,此时进入菜单,按"▲""▼"键可进行选择,选中"用户管理",按下"OK"键,进入"用户管理"菜单。

2)新增用户。进入"用户管理"菜单,选择"新增用户",输入工号"105",输入姓名"张三","选择要登记的手指"选 6 号手指指纹,根据屏幕提示将同一手指先后三次放入指纹采集处进行指纹采集(如果三次指纹采集中出现指纹门禁机不能识别的偏差,会要求操作者重新输入)。采集成功后,完成新增用户操作。

3)设置韦根协议。进入"通信设置"菜单,选择"韦根设置",设置韦根输出的"类型"为工号。按"C"键退出。

4)在计算机的管理软件中对用户进行添加。输入用户姓名"张三",工号"105"(对应指纹门禁机新增的用户),卡号为"105"或刷卡产生。对进出权限进行管理,权限管理中选择"张三"用户和1-2号门，允许并上传。

5）调试。将注册指纹开门用户的手指放入指纹采集处，指纹门禁机液晶屏幕显示确认成功及登记号码信息，同时指纹门禁机右侧的电插锁打开。

6）删除已有用户。为了确保用户不重复，必要时可以删除已有用户。进入"用户管理"菜单，按"▼"键至"用户列表"，按"OK"键，进入后删除已有用户。按"C"键退出。

12. 查询和导出信息

单击"操作"→"查询原始记录"按钮，进入"查询原始记录"界面，如图1-42所示。可以按"时间""姓名""卡号""部门"查询相关记录，查询结果可以导出到Excel。

图1-42 "查询原始记录"界面

（九）常见故障及排除方法

1. 双门控制器

双门控制器的常见故障现象及排除方法见表1-2。

表1-2 双门控制器的常见故障现象及排除方法

故障现象	可能原因	排除方法
双门控制器不能和计算机正常通信	控制器与计算机通信不良	检查局域网网络设备和线路是否正常，关闭操作系统中应用软件的防火墙，若为XP操作系统，还应关闭自带的防火墙
刷卡不开门	读卡器与控制器之间通信不良	检查读卡器的数据线DO、DI线是否接反或接触不良
	没有授权或授权了但没有上传给控制器	授权并上传到控制器
	读卡器是否插错位置	使用多门控制器，查看读卡器是否插错位置，例如，一号门的读卡器插到二号门的读卡器位置

2. 指纹门禁机

指纹门禁机的常见故障现象及排除方法见表1-3。

项目一 出入口控制系统的安装与调试

表 1-3 指纹门禁机的常见故障现象及排除方法

故障现象	可能原因	排除方法
指纹门禁机通电后一直反复显示"请重按(离开)手指"	使用久了,采集头表面变得不清洁或有划痕,会使采集头误认为表面有按指纹而并不能通过	使用不干胶布粘除采集头表面的赃物
	主板芯片损坏	与供应商联系,申请维修
指纹门禁机进入不了初始界面	指纹头排线未插好	请将指纹头排线拔出,然后重新插入
	主板芯片损坏	与供应商联系,申请维修
有些用户指纹经常无法验证通过	指纹质量不好	用户在登记指纹时,需要选择质量较好的指纹(皱褶少、不起皮、指纹清晰),尽量使手指接触指纹采集头的面积大一些

三、标准规范

(一) 工程施工要求

安全防范工程施工单位应根据深化设计文件编制施工组织方案,落实项目组成员,并进行技术交底。进场施工前应对施工现场进行相关检查。

线缆敷设前应进行导通测试。线缆应自然平直布放,不应交叉缠绕打圈。线缆接续点和终端应进行统一编号、设置永久标识,线缆两端、检修孔等位置应设置标签。

线缆穿管管口应加护圈,防止穿管时损伤导线。导线在管内或线槽内不应有接头或扭结。导线接头应在接线盒内焊接或用端子连接。

设备安装前,应对设备进行规格型号检查、通电测试。设备安装应平稳、牢固、便于操作维护,避免人身伤害,并与周边环境相协调。

出入口控制设备安装应符合下列规定:

1) 各类识读装置的安装应便于识读操作。
2) 感应式识读装置在安装时应注意可感应范围,不得靠近高频、强磁场。
3) 受控区内出门按钮的安装应保证在受控区外不能通过识读装置的过线孔触及出门按钮的信号线。
4) 锁具安装应保证在防护面外无法拆卸。
5) 识读设备的安装位置应避免强电磁辐射源、潮湿、有腐蚀性等恶劣环境。
6) 控制器、读卡机不应与大电流设备共用电源插座。
7) 控制器宜安装在弱电间等便于维护的地点。
8) 读卡器类设备应加防护结构面,并能抵御破坏性攻击和技术开启。
9) 控制器与读卡机间的距离不宜大于 50m。
10) 配套锁具安装应牢固,启闭灵活。
11) 安装信号灯控制系统时,警报与检测器的距离不应大于 15m。
12) 使用人脸、指纹等生物识别技术进行识读的出入口控制系统设备安装应符合产品技术说明书的要求。

另外,监控中心控制、显示等设备屏幕应避免阳光直射,当不可避免时,应采取避光措施。在控制台、机柜(架)、电视墙内安装的设备应有通风散热措施,内部插接件与设备连接应牢靠。设备金属外壳、机架、机柜、配线架、金属线槽和结构等应进行等电位联结并接地。

（二）系统调试要求

系统调试前，应根据设计文件、设计任务书、施工计划编制系统调试方案。系统调试过程中，应及时、真实地填写调试记录。系统调试完毕后，应编写调试报告。系统的主要性能、性能指标应满足设计要求。

系统调试前，应检查工程的施工质量，查验已安装设备的规格、型号、数量、备品备件等。系统在通电前应检查供电设备的电压、极性、相位等。应对各种有源设备逐个进行通电检查，工作正常后方可进行系统调试。

出入口控制系统调试应至少包含下列内容：

1) 识读装置、控制器、执行装置、管理设备等调试。

2) 各种识读装置在使用不同类型凭证时的系统开启、关闭、提示、记忆、统计、打印等判别与处理。

3) 各种生物识别技术装置的目标识别。

4) 系统出入授权/控制策略、受控区设置、单/双向识读控制、防重入、复合/多重识别、防尾随、异地核准等。

5) 与出入口控制系统共用凭证或其介质构成的一卡通系统设置与管理。

6) 出入口控制子系统与消防通道门和入侵报警、视频监控、电子巡查等子系统间的联动或集成。

7) 指示/通告、记录/存储等。

8) 出入口控制系统的其他功能。

（三）工程质量验收

出入口控制系统工程质量验收记录表见表1-4。

表1-4　出入口控制系统工程质量验收记录表

单位(子单位)工程名称				子分部工程	
分项工程名称			出入口控制系统	检测部位	
施工单位				项目经理	
施工执行标准名称及编号					
检测项目(主控项目)			检测记录		备注
1	识别器功能	识别灵敏度			
		识别速度			
		误识率/拒识率			
		防破坏功能			
2	控制器功能	独立工作功能、工作准确性			
		响应时间			
		指令开、关锁功能			
		强行通行报警功能			
		信息存储功能			
		防破坏功能			
		后备电源自动投入功能			

(续)

	检测项目(主控项目)		检测记录	备注
3	系统控制功能	对控制器的控制功能		
		信息传输功能		
		通行情况实时监控功能		
		强行通行报警功能		
		设备运行	完好率/接入率		
			运行情况		
4	系统管理软件	系统软件的管理功能		
		图形化界面		
		电子地图		
		数据记录的查询功能		
		安全性		
5	系统联动功能	安防子系统间联动		
		与其他智能化系统的联动		
6	数据存储记录			

检测意见：

监理工程师签字：　　　　　　　　　　　检测机构人员签字：
（建设单位项目专业技术负责人）
日期：　　　　　　　　　　　　　　　　日期：

（四）技术标准规范

1)《智能建筑设计标准》（GB 50314—2015）。
2)《智能建筑工程质量验收规范》（GB 50339—2013）。
3)《安全防范工程技术标准》（GB 50348—2018）。
4)《建筑电气工程施工质量验收规范》（GB 50303—2015）。
5)《出入口控制系统工程设计规范》（GB 50396—2007）。
6)《出入口控制系统技术要求》（GB/T 37078—2018）。

（五）系统发展趋势

近几年，我国生物识别技术从追赶者变为领先者，已经处于国际先进水平，人脸识别、虹膜识别等技术凭借非接触式、准确度高等优势发展迅猛，增速显著高于指纹识别。在新一轮产业升级和信息技术革命的推动下，随着物联网、云计算、人工智能、AR/VR以及数字孪生等新型技术的不断发展和成熟，出入口控制技术将更加智能化、精准化和具备更小的侵入性，行业能够运用到的技术将更加多态化，产品将越来越智能，平台和解决方案将呈现出集成、整体及全面的特点，用户体验也将不断提升。

 工作任务

一、任务导入

紫叶广场有两幢智能大楼，为南楼和北楼，每幢楼有两个出入口（1号门和2号门）。系统设计采用出入口控制系统，请进行方案设计。具体任务：

1) 根据紫叶广场结构绘制出入口控制系统图。

2) 分析紫叶广场出入口控制系统的结构、规模，用表格形式列出所需要的设备材料清单（名称、型号、规格、数量等内容）。

3) 在实训模块上进行南楼两个出入口的设备、元器件的安装与接线。

4) 在实训模块上进行出入口控制系统硬件和软件的调试。

二、任务分析

首先，根据任务要求绘制出入口控制系统图，确定需要的指纹门禁机、读卡器、网络控制器、出门按钮、门锁和各类导线数量，再参照实训设备选择设备型号和管理系统软件，最后进行设备安装、接线和调试。

三、任务决策

分组讨论制订紫叶广场出入口控制系统设计方案，绘制出入口控制系统图（图1-43），填写设备选型及配置表（表1-5）。

图1-43　紫叶广场出入口控制系统图

（一）绘制系统图

（二）设备选型及配置

表1-5　设备选型及配置表

序号	名　　称	型号	规格	数量
1	指纹门禁机			
2	门禁控制器			
3	电控锁			
4	出门按钮			
5	读卡器			
6	发卡器			

一、工作计划

学习施工流程图,分组讨论并制订工作计划,填写工作计划表(表1-6)。

表1-6 工作计划表

流水号	工作阶段	工作要点备注	资料清单	工作成果
1	设备准备			
2	设备安装			
3	弱电布线			
4	布线验收			
5	系统调试			
6	系统验收			

二、材料清单

根据制订的紫叶广场出入口控制系统设计方案列举任务实施中需要用到的材料,填写材料清单表,见表1-7。

表1-7 材料清单表

序号	名称	型号与规格	功 能
1			
2			
3			
4			
5			
6			
7			
8			
9			
10			
11			

一、器件安装

在网孔板上模拟安装一个单元的设备、元器件,安装位置如图1-14所示。实训模块安装完成后进行小组互查,填写元器件安装检查表,见表1-8。

表1-8 元器件安装检查表

序号	名　称	负责人	安装位置检查	安装可靠性检查
1	指纹门禁机			
2	门禁控制器			
3	电控锁			
4	出门按钮			
5	读卡器			
6	发卡器			

二、工艺布线

在实训设备上模拟进行一个单元的设备、元器件接线，接线示意图如图1-16所示。实训模块接线完成后进行小组互查，填写工艺布线检查表，见表1-9。

表1-9 工艺布线检查表

序号	名　称	负责人	正确性检查
1	控制器1号进门—ID读卡器		
2	控制器1号出门按钮—出门按钮		
3	控制器1号锁输出—电源—电插锁		
4	控制器2号进门—指纹门禁机		
5	控制器2号出门按钮—出门按钮		
6	控制器2号锁输出—电源—电插锁		
7	发卡器—计算机USB线		
8	控制器网口—计算机网口		

三、系统调试

根据调试项目完成出入口控制系统的设置和调试，填写系统调试检查表，见表1-10。

表1-10 系统调试检查表

序号	调试项目名称	负责人	检查确认	备注
1	基本开关门调试			
2	感应卡开门调试			
3	密码开门调试			
4	指纹开门调试			
5	系统信息监控			
6	卡挂失和补办			
7	临时卡设置			

四、故障分析

针对出入口控制系统在调试过程中发现的故障，分组进行分析和排除，填写故障检查表,见表 1-11。

表 1-11 故障检查表

序号	故障内容	负责人	故障解决方法
1			
2			
3			
4			

五、工作记录

回顾出入口控制系统安装与调试项目的工作过程,填写工作记录表,见表 1-12。

表 1-12 工作记录表

项目名称	出入口控制系统的安装与调试
日期:_____年_____月_____日　　　　　记录人:_____	
工作内容:	
资料/媒体:	
工作成果:	
问题解决:	
需要进一步处理的内容:	
小组意见:	
日期:　　　　　　　　　　　　学生签字:	
日期:　　　　　　　　　　　　教师签字:	

根据表 1-13 所列调试项目进行出入口控制系统安装与调试的验收,完成三方评价。

表 1-13 出入口控制系统安装与调试验收记录表

项目		评定记录			
		自评	组评	师评	总评
1	设备安装	指纹门禁机			
		出门按钮			
		读卡器			
2	设备接线	接线			
3	设备功能	按钮开门			
		指纹采集			
		电控锁			
4	系统功能	自动发卡			
		刷卡开门			
		指纹门禁			
		密码开门			
		挂失和补办			
5		职业素养			
6		安全文明			

小组意见：

组长签字：   教师签字：

日期：   日期：

  工作评价

根据出入口控制系统项目完成情况，由小组和教师填写工作评价表，见表 1-14。

表 1-14 出入口控制系统安装与调试工作评价表

学习小组		日期	
团队成员			
评价人	□教师 □学生		

1. 获取信息

评价项目	记录	得分	权重	综合
专业能力			0.45	
个人能力			0.1	
社会能力			0.1	
方法和学习能力			0.35	
得分(获取信息)			1	

(续)

2. 决策和计划				
评价项目	记录	得分	权重	综合
专业能力			0.45	
个人能力			0.1	
社会能力			0.1	
方法和学习能力			0.35	
得分(决策和计划)			1	

3. 实施和检查				
评价项目	记录	得分	权重	综合
专业能力			0.45	
个人能力			0.1	
社会能力			0.1	
方法和学习能力			0.35	
得分(实施和检查)			1	

4. 评价和反思				
评价项目	记录	得分	权重	综合
专业能力			0.45	
个人能力			0.1	
社会能力			0.1	
方法和学习能力			0.35	
得分(评价和反思)			1	

课后作业

1. 出入口控制系统由哪几部分组成？
2. 请简要描述出入口控制系统的工作原理？
3. 出入口控制系统实训模块的调试项目有哪些？
4. 请简述双门控制器刷卡不开门的原因和排除方法。
5. 自动添加用户可以通过哪些方法来实现？
6. 请简述出入口控制系统的调试要求。
7. 对出入口控制系统任务分析、决策、计划、实施、检查和评价过程中发现的问题进行归纳，列举改进和优化措施。
8. 请简述出入口控制系统的基本功能。
9. 请简述指纹门禁故障的原因和排除方法。
10. 出入口控制系统安装与调试验收记录表有哪些内容？

项目二　入侵和紧急报警系统的安装与调试

学习目标

1. 了解入侵和紧急报警系统的功能概述、应用场合、系统组成和主要设备功能等内容。
2. 能够根据客户需求进行方案设计，绘制系统图。
3. 能够进行入侵和紧急报警系统的设备选型及配置建议。
4. 能够进行入侵和紧急报警系统的设备安装、接线和调试。
5. 能够操作和应用专用键盘进行系统编程设置。
6. 能够进行入侵和紧急报警系统管理软件的参数设置和调试。
7. 了解入侵和紧急报警系统的项目功能检查与规范验收。
8. 养成自觉遵守和运用标准规范、认真负责、精益求精的工匠精神。
9. 养成职业规范意识和团队意识，提升职业素养。

知识准备

一、应用现场

入侵和紧急报警系统是通过传感器技术和电子信息技术探测非法进入或试图非法进入设防区域的行为和由用户主动触发紧急报警装置发出报警信息、处理报警信息的电子系统。

入侵和紧急报警系统就是用探测器对建筑内外重要地点和区域进行布防。它可以及时探测非法入侵，并且在探测到非法入侵时，及时向有关人员示警。如门磁开关、玻璃破碎报警器等可有效探测外来的入侵，红外探测器可感知人员在楼内的活动等。一旦发生入侵行为，系统能及时记录入侵的时间、地点，同时通过报警设备发出报警信号。图 2-1 所示为入侵和紧急报警系统应用现场。

入侵和紧急报警系统是预防抢劫、盗窃等意外事件的重要设施，可以协助人们担任防入侵、防盗等警戒工作。在防范区域内用不同种类的入侵探测器可以构成肉眼不可见的警戒点、警戒线、警戒面或警戒空间，可形成一个多层次、多方位的安全防范报警网。按照探测器与控制指示设备之间信号传输方式的不同，可以将控制指示设备分为有线型、无线型、有线/无线复合型，如图 2-2 所示。

入侵和紧急报警系统应用范围广泛，包括政府机关、军事单位、广播电视通信系统、工矿企业、科研单位、财政金融系统、商业系统、文物保护单位以及各类需要进行防范的企事业单位和场所。

项目二　入侵和紧急报警系统的安装与调试

图 2-1　入侵和紧急报警系统应用现场

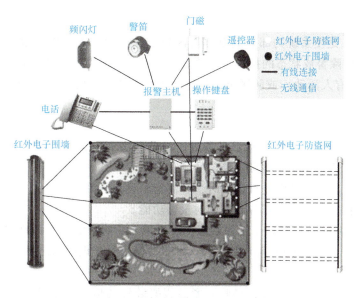

图 2-2　入侵和紧急报警系统示意图

二、知识导入

（一）系统组成

入侵和紧急报警系统通常由前端设备（包括探测器和紧急报警装置）、传输设备、处理/控制/管理设备和显示/记录设备组成，如图 2-3 所示。

根据信号传输方式的不同，入侵和紧急报警系统组建模式可分为以下几种。

1）分线制：探测器、紧急报警装置通过多芯电缆与报警控制主机之间采用一对一专线相连。图2-3所示系统的传输方式即为分线制。

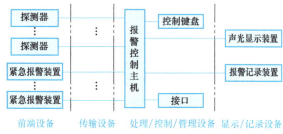

图2-3 入侵和紧急报警系统的组成

2）总线制：探测器、紧急报警装置通过其相应的编址模块与报警控制主机之间采用报警总线（专线）相连。

3）无线制：探测器、紧急报警装置通过其相应的无线设备与报警控制主机通信，其中一个防区内的紧急报警装置数量不得多于4个。

4）公共网络：探测器、紧急报警装置通过现场报警控制设备和/或网络传输接入设备与报警控制主机之间采用公共网络相连。公共网络可以是有线网络，也可以是有线-无线-有线网络。

(二) 基本概念

1. 防区

防区是利用探测器（包括紧急报警装置）对防护对象实施防护，并在控制设备上能明确显示报警部位的区域。可以对防区进行命名，例如，将报警主机的二防区定义为"客厅红外探测器"。

2. 设防、撤防和旁路

设防（布防）是使系统的部分或全部防区处于警戒状态的操作。撤防是使系统的部分或全部防区处于解除警戒状态的操作。旁路是指不对某防区进行戒备。如该防区一直被触发（如探头监视区内有人活动）或防区出现故障，可在布防之前将该防区旁路。被旁路的防区不受保护。

3. 入侵报警

瞬时（即时）报警：当控制指示设备处于设防状态时，设置为瞬时响应的探测回路被触发后，应能立即给出指示和入侵报警信号（信息）。

延时报警：在防护区域内进行设防时，控制指示设备应具有延时报警功能；在防护区域外进行设防时，控制指示设备不应具有延时报警功能。

24h报警：控制指示设备处于工作状态，设置为24h响应的探测回路被触发后，应立即给出规定的指示及入侵报警信号（信息）。24h报警一直处于设防状态。

4. 紧急报警

控制指示设备处于工作状态，接收到紧急报警装置的信号（信息）后，应立即给出规定的指示及紧急报警信号（信息）。银行、金库、财务机构、保安室规定都要有紧急报警设备。

5. 防拆报警

当处于工作状态下的控制指示设备被移离安装面距离超过规定的限值、被打开机壳或接收到入侵探测器、紧急报警装置、辅助控制设备的防拆信号（信息）时，应给出指示及防拆报警信号（信息）。防拆装置是用来探测拆卸或打开报警系统的部件、组件或其部分的装置。常见的报警设备一般都有防拆设计。

6. 胁迫报警

胁迫报警设备是具有远程报警功能的控制指示设备，当用户使用胁迫钥匙（感应卡、遥控器等）撤防时，控制指示设备应能正常撤防，同时向远程发送胁迫报警信号（信息），且不应给出本地报警声响。

7. 漏报警和误报警

漏报警是指入侵行为已经发生，而系统未能做出报警响应或指示。误报警是指由于意外触动手动装置、自动装置对未设计的报警状态做出响应、部件的错误动作或损坏、操作人员失误等而发出的报警信号。报警系统除了系统功能指标（探测范围、距离、功耗等）以外，最为关键的两个指标就是误报率和漏报率。这两个指标即矛盾又统一，是区分不同品牌产品品质和档次最主要的因素。

8. 安全等级

入侵和紧急报警系统分四个安全等级。

1) 1级为低安全等级，防范对象为基本不具备入侵和紧急报警系统知识且仅使用常见、有限的工具实施破坏的入侵者或抢劫者。

2) 2级为中低安全等级，防范对象为仅具备少量入侵和紧急报警系统知识，懂得使用常规工具和便携式工具（如万用表）的入侵者或抢劫者。

3) 3级为中高安全等级，防范对象为熟悉入侵和紧急报警系统，可以使用复杂工具和便携式电子设备的入侵者或抢劫者。

4) 4级为高安全等级，防范对象为具备实施入侵或抢劫的详细计划和所需的能力或资源，具有所有可获得的设备，且懂得替换入侵和紧急报警系统部件方法的入侵者或抢劫者。

（三）主要设备

1. 防盗报警控制器

防盗报警控制器（图2-4）是在入侵和紧急报警系统中用于实现信号接收、处理、控制、指示、记录等功能的设备，又称为报警主机，其主要作用是通过键盘等设备提供布/撤防操作来控制报警系统，接收各种探测器的报警信号，判断有无警情，然后按预先设置的程序驱动相关设备执行相应的警报处理，如发出声光报警信号、与监控系统实现联动、控制现场的灯光、记录报警事件和相应的视频图像等，还可以通过电话线将警情传送到报警中心。

图2-4　防盗报警控制器（报警主机）

2. 探测器

探测器是对入侵或企图入侵的行为进行探测做出响应并产生报警状态的装置。探测器一般安装在监测区域现场，其核心器件是传感器。采用不同原理制成的传感器件，可以构成不同种类、不同用途、达到不同探测目的的报警探测装置。

根据警戒范围的不同，报警探测器有点控制型、线控制型、面控制型、空间控制型之分，见表2-1。按所探测物理量的不同，报警探测器可以分为微波、红外、激光、超声波和振动式。为了减少误报警现象的发生，有的探测器结合了两种检测技术，这种具有"双重鉴别"能力的探测器称为双鉴探测器。

表2-1 报警探测器分类

警戒范围	报警器种类
点控制型	开关式报警器、门磁、紧急按钮
线控制型	主动红外报警器、激光报警器
面控制型	玻璃破碎报警器、振动报警器
空间控制型	微波报警器、超声波报警器、被动红外报警器、声控报警器

（1）主动红外探测器

目前用得最多的是红外对射探测器（图2-5），它由红外发射器和红外接收器组成，根据红外对射光束多少可分为2光束、3光束、4光束等。它主要用于周界防护探测，由一个红外线发射器和一个接收器，以相对方式布置组成。发射器与接收器之间没有遮挡物时，探测器不会报警。当入侵者横跨防护区域时（图2-6），挡住了不可见的红外光束，接收器输出信号发生变化，从而引起报警。

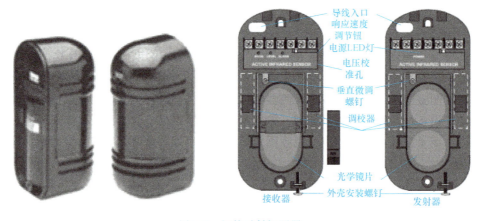

图2-5 红外对射探测器

图2-6 多光束主动红外探测器工作原理图

主动红外探测器的安装与工作模式如图 2-7 所示。

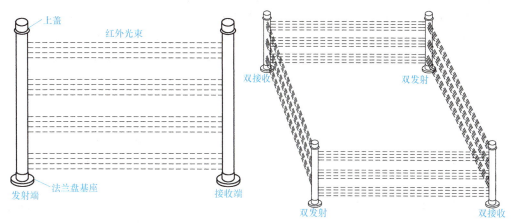

图 2-7　主动红外探测器的安装与工作模式

主动红外探测器属于线控制型探测，控制范围为线状分布，隐蔽性好；可因环境不同而随意配置，使用起来灵活方便；使用过程中应注意维护，保持镜面清洁；安装时应注意封锁路线一定是直线，中间不能有阻挡物。

（2）被动红外探测器

被动红外探测器（图 2-8）由光学系统、热传感器及报警控制器组成，通过红外传感器探测人体红外辐射，并转换成电信号，经处理后送往控制器报警。被动红外探测器根据视场探测模式可直接安装在墙上、顶棚或墙角。

任何物体因表面温度不同都会发出强弱不等的红外线，人体所辐射的红外线波长在 10μm 左右。被动红外探测器不向空间辐射能量，而是直接探测来自移动目标的红外辐射。被动红外探测器把人体分成 8 个区域（图 2-9），只有探测到 4 个以上的区域时信号变化才触发一个脉冲。某些小动物只能触发 1、2 个区域，因此可以避免误报警。

图 2-8　被动红外探测器

图 2-9　被动红外多分区探测示意图

布置被动红外探测器时要注意探测器的探测范围和水平视角，防止出现死角。红外探头不能对准发热体。警戒区内最好不要有空调或其他发热源。被动红外探测器对横向切割

（即垂直于）探测区方向的人体运动最敏感，故布置时应尽量利用这个特性达到最佳效果。如图2-10中，A点布置的效果好，B点正对大门，其效果较差。

被动红外探测器的优点：功耗非常小，适用于低功耗要求的场合；没有发射器与接收器之间严格校直的麻烦；红外波长不能穿越由砖头、水泥等建造一般建筑物，在室内使用时不必担心由于室外的运动目标造成误报；在较大面积的室内安装多个被动红外探测器时，不会产生系统互扰的问题；工作不受声音影响，声音不会使它产生误报。

（3）门磁

门磁（图2-11）由永久磁铁和干簧管组成，较小的部件为永磁体，内部有一块永久磁铁，用来产生恒定的磁场，较大的是门磁主体，它内部有一个常开型的干簧管。当永磁体和干簧管靠得很近时（小于5mm），门磁传感器处于工作守候状态；当永磁体离开干簧管一定距离后，门磁传感器处于常开状态。

门磁结构简单、价格低廉、耐腐蚀性好、触点寿命长、体积小、动作快、吸合功率小，因而比较常用。门磁不适用于磁性金属门窗，易使磁场消弱。干簧管应装在被防范物体的固定部分，安装稳固，避免受到猛烈振动，以防止干簧管碎裂。报警控制部门的布线图应保密，连线接点要接触可靠。图2-12所示为门磁的类型及安装。

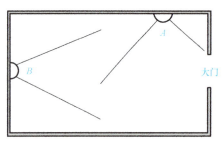

图2-10 被动红外探测范围示意图

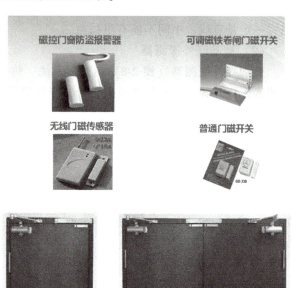

图2-11 门磁　　　　　　　　　　图2-12 门磁的类型及安装

（4）玻璃破碎探测器

玻璃破碎探测器（图2-13）可利用压电陶瓷片的压电效应（压电陶瓷片在外力作用下产生扭曲、变形时将会在其表面产生电荷）对高频的玻璃破碎声音（10~15kHz）进行有效检测，而对10kHz以下的声音信号（如说话、走路声）有较强的抑制作用。玻璃破碎声发射频率的高低、强度的大小与玻璃厚度、面积有关。

玻璃破碎探测器要尽量靠近所要保护的玻璃，尽量远离噪声干扰源，如尖锐的金属撞击声、铃声、汽笛的啸叫声等，以减少误报警。

（5）振动探测器

振动探测器（图2-14）是以侦测物体的振动来报警的探测器，能探测并响应由于目标走动，敲打墙壁、门、窗、保险柜等引起的振动，适合用于柜员机、墙壁、玻璃、保险柜等，以防止任何敲击和破坏性行为的发生。

振动探测器由振动传感器、适调放大器及触发器组成，属于面控制型探测，可

图2-13 玻璃破碎探测器

用于室内、室外、周界报警。振动探测器的安装应远离振动源，引出线尽量用屏蔽线，若用普通线缆，应离开强电电源线、电话线2m左右，以防干扰。

图2-14 振动探测器

（6）幕帘探测器

幕帘探测器（图2-15）是一种被动红外探测器，安装于窗户的内侧墙角，在整个窗前形成一个扇形双层红外幕帘，如图2-16所示。当有入侵者通过探测区域时，探测器将自动探测区域内人体的活动，如果有动态移动现象，则向控制主机发送报警信号。幕帘探测器适用于住宅区、楼盘别墅、厂房、商场、仓库、写字楼等场所的安全防范。

a）横装　　　　　　　　b）竖装

图2-15 幕帘探测器　　　图2-16 幕帘探测器安装示意图

（7）紧急按钮

当业主紧急求助时，按下紧急按钮（图2-17），报警主机即可按设定好的方式发出报警

信号。

（8）燃气探测器

燃气就是可燃气体，常见的燃气包括液化石油气、人工煤气、天然气。燃气探测器（图2-18）就是探测燃气浓度的探测器，其核心部件为气敏传感器，安装在可能发生燃气泄漏的场所。当燃气在空气中的浓度超过设定值时，探测器就会被触发报警，并对外发出声光报警信号，如果连接报警主机和接警中心，则可联网报警。燃气探测器多用于家庭燃气泄漏报警，也被广泛应用于各类炼油厂、油库、化工厂、液化气站等易发生可燃气体泄漏的场所。

图2-17　紧急按钮

图2-18　燃气探测器

（9）烟雾探测器

烟雾探测器（图2-19）采用先进的光学传感原理，通过监测是否存在烟雾，以尽早发现火灾的发生，并及时通过报警声提醒人们报警、灭火或逃生。

图2-19　烟雾探测器

（10）感温探测器

感温探测器（图2-20）主要利用热敏元件来探测火灾。在火灾初始阶段，一方面有大量烟雾产生，另一方面，物质在燃烧过程中释放出大量的热量，周围环境温度急剧上升。这时，探测器中的热敏元件发生物理变化，响应异常温度、温升速率、温差，从而将温度信号转变成电信号，并进行报警处理。

图2-20　感温探测器

项目二 入侵和紧急报警系统的安装与调试

3. 液晶键盘

液晶键盘（图 2-21）通过端子连接到控制主机。一台控制主机可以连接多个键盘。用户可以通过键盘对控制主机进行布/撤防、编程、诊断和故障查询等操作。

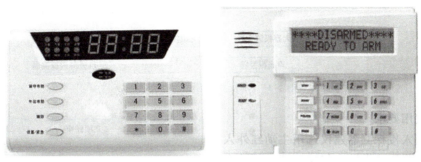

图 2-21 液晶键盘

4. 声光报警器

声光报警器（图 2-22）是为了满足客户对报警响度和安装位置的特殊要求而设置的，可同时发出声、光两种警报信号。

图 2-22 声光报警器

（四）系统结构图

入侵和紧急报警系统图和框图分别如图 2-23 和图 2-24 所示。

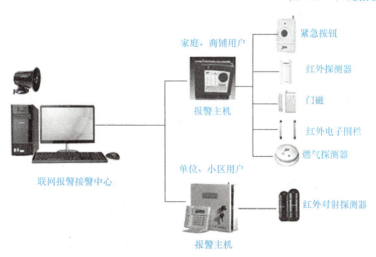

图 2-23 入侵和紧急报警系统图

（五）施工流程图

入侵和报警系统施工流程如图 2-25 所示。

（六）设备选型原则

1. 探测设备选型

应根据防护要求和设防特点选择不同探测原理、不同技术性能的探测器。所选用的探测器应能避免各种可能的干扰，减少误报，杜绝漏报。探测器的灵敏度、作用距离、覆盖面积

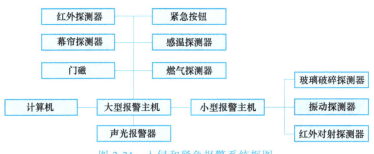

图 2-24 入侵和紧急报警系统框图

应能满足使用要求。

周界用入侵探测器建议选用主动红外入侵探测器、遮挡式微波入侵探测器、振动入侵探测器、高压电子脉冲式探测器等。

内周界可选用室内用超声波多普勒探测器、被动红外探测器、振动入侵探测器、室内用被动式玻璃破碎探测器等。

建筑物正常出入口可选用室内用多普勒微波探测器、室内用被动红外探测器、磁开关入侵探测器等。

建筑物内非正常出入口可选用室内用多普勒微波探测器、室内用被动红外探测器、室内用超声波多普勒探测器、磁开关入侵探测器、室内用被动式玻璃破碎探测器、振动入侵探测器等。

图 2-25 入侵和报警系统施工流程图

室内通道和公共区域可选用室内用多普勒微波探测器、室内用被动红外探测器、室内用被动式玻璃破碎探测器、振动入侵探测器、紧急报警装置等。

2. 控制设备选型

应根据系统规模、系统功能、信号传输方式及安全管理要求等选择报警控制设备的类型。控制设备应具有可编程和联网功能。接入公共网络的报警控制设备应满足相应网络的入网接口要求，应具有与其他系统联动或集成的输入、输出接口。

3. 无线报警设备选型

无线报警设备的载波频率和发射功率应符合国家相关管理规定。探测器的无线发射机使用的电池应保证有效使用时间不少于 6 个月，在发出欠电压报警信号后，电源应能支持发射机正常工作 7d。无线紧急报警装置应能在整个防范区域内触发报警。无线报警发射机应有防拆报警和防破坏报警功能。

4. 系统管理软件选型

系统管理软件应具有电子地图显示且能局部放大报警部位，并发出声光报警提示；能实时记录系统开机、关机、操作、报警、故障等信息，并具有查询、打印、防篡改功能；能设定操作权限，对操作（管理）员的登录、交接进行管理；应有较强的容错能力，且有备份

项目二 入侵和紧急报警系统的安装与调试

和维护保障能力。

(七) 系统传输和供电方式

信号传输方式分为有线传输和无线传输两种。传输方式的确定应取决于前端设备分布、传输距离、环境条件、系统性能要求及信息容量等，宜采用有线传输为主、无线传输为辅的传输方式。

防区数量较少，且报警控制设备与各探测器之间的距离不大于 100m 的场所，宜选用分线制模式。防区数量较多，且报警控制设备与所有探测器之间连线的总长度不大于 1500m 的场所，宜选用总线制模式。布线困难的场所，宜选用无线制模式。防区数量很多，且现场与监控中心距离大于 1500m，或现场要求具有设防、撤防等分控功能的场所，宜选用公共网络模式。

应根据安全防范诸多因素，并结合安全防范系统所在区域的风险等级和防护级别，合理选择主电源形式及供电模式。系统宜由监控中心集中供电，供电宜采用 TN-S 制式。应有备用电源，并能自动切换，切换时不应改变系统工作状态，其容量应能保证系统连续正常工作不小于 8h。备用电源可以是免维护电池和/或 UPS 电源。

安全防范系统的电能输送主要采用有线方式的供电线缆。按照路由最短、汇聚最简、传输消耗最小、可靠性高、代价最合理、无消防安全隐患等原则对供电的能量传输进行设计，确定合理的电压等级，选择适当类型的线缆，规划合理的路由。

(八) 系统实训模块

1. 实训模块组成

入侵和紧急报警系统实训模块主要元器件有大型报警主机、小型报警主机、液晶键盘、门磁、振动探测器、幕帘探测器、被动红外探测器、红外对射探测器、玻璃破碎探测器、燃气探测器、感温探测器、紧急按钮、声光报警器等，如图 2-26 所示。表 2-2 为设备清单。

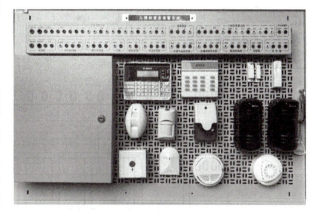

图 2-26 入侵和紧急报警系统实训模块

表 2-2 入侵和紧急报警系统设备清单

序号	名称	品牌	型号
1	红外对射探测器	博世	DS422i-CHI
2	被动红外探测器	博世	ISC-BDL2-WP6G-CHI
3	幕帘探测器	豪恩	LH-912E
4	玻璃破碎探测器	红叶	PA-456
5	振动探测器	乐可立	RV971A
6	门磁	豪恩	HO-03
7	家用紧急按钮	海湾	SB01
8	大型报警主机	博世	DS7400XI-CHI

(续)

序号	名称	品牌	型号
9	六防区报警主机	博世	DS6MX
10	液晶键盘	博世	DS7447I
11	单路总线驱动器	博世	DS7430
12	RS232打印机接口模块	博世	DX4010
13	燃气探测器	豪恩	LH-88(Ⅱ)
14	感温探测器	立可安	SS-163
15	声光报警器	豪恩	HC-103

2. 系统接线图

入侵和紧急报警系统接线图如图 2-27 所示。

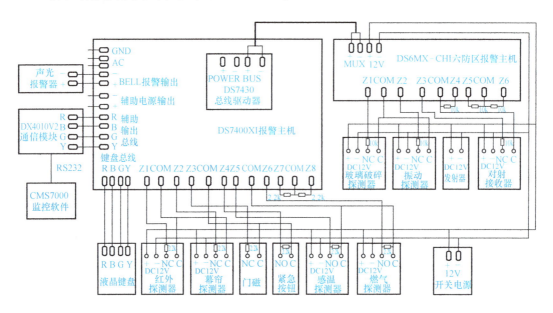

图 2-27 入侵和紧急报警系统接线图

3. 模块接线图

入侵和紧急报警系统实训模块接线图如图 2-28 所示。

4. 小型报警主机

DS6MX 为六防区报警主机（图 2-29），既可单独使用，也可连接到 DS7400XI-CHI 报警主机的总线线路，用于小区或大厦保安系统中的独立用户。DS6MX 有 6 个报警输入防区，1 个报警继电器输出，两个固态输出和 1 个钥匙开关。DS6MX 支持无线功能，如无线接收器 RF3212/E 及无线探测器等。

DS6MX 能够安装在适当的平滑墙面、半嵌入墙面或电气开关盒上。用一字螺钉旋具在外罩底部的槽口位置向下按，使前面外盖与后面底板分开，再将底板固定在适当的墙面或电气开关盒上，如图 2-30 所示。

项目二　入侵和紧急报警系统的安装与调试

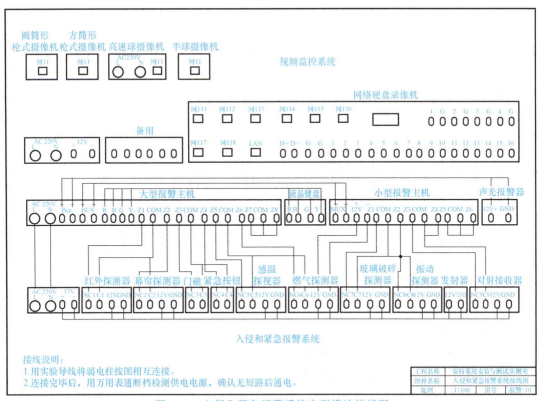

图 2-28　入侵和紧急报警系统实训模块接线图

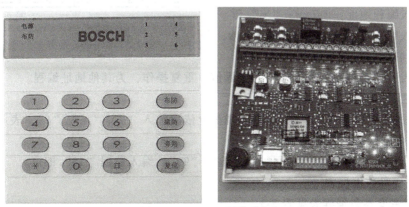

图 2-29　DS6MX 报警主机

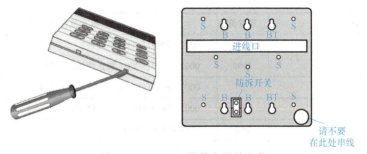

图 2-30　DS6MX 报警主机的安装

(1) 接线端口说明及示意图

接线端口（图 2-31）说明：MUX 的 +、-端接总线驱动器 DS7430 模块 BUS 的 +、-端；12V 的 +、-端接 12V 直流电源的 +、-端，为该模块提供电源；RF 用于连接无线接收机（DATA 端）的数据线；NO、C、NC 为 C 型继电器输出；Z1~Z6 为该模块的防区接线，每个防区必须接一个 10kΩ 的电阻器，当探测器为常开（NO）时，需要并入一个 10kΩ 的电阻器，当探测器为常闭（NC）时，需要串入一个 10kΩ 的电阻器，如图 2-32 所示。

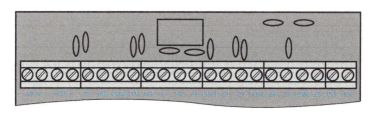

图 2-31 DS6MX 报警主机接线端口

(2) 编程功能的实现

主要编程步骤如下：

1) 输入主码××××（表示在 DS6MX 主机上需要输入的数字，主码默认为"1234"）。

2) 按住"＊"键 3s，即可进入编程模式。

3) 输入编程地址：×或××+"＊"键。

4) 输入编程值：从×~××××××××××，若设置正确，主机将鸣响 1s 进行确认。

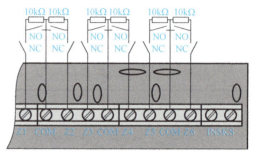

图 2-32 DS6MX 报警主机防区接线

5) 输入新的编程地址，输入新的编程值。重复操作，为其他地址编程。

6) 按住"＊"键 3s，退出编程模式。

例如，进入编程模式后，在 DS6MX 键盘上依次输入"7""＊""1"，表示 DS6MX 主机的防区 1 可进行即时布防。

恢复出厂值：进入编程模式后，输入地址"99"，编入数据"18"即可。

(3) 主要参数编程表

DS6MX 主要参数编程表见表 2-3。

表 2-3 DS6MX 主要参数编程表

地址	说　明	预置值	编程值选项范围
0	主码	1234	0001~9999（0000＝不允许）
1	用户码 1	1000	0001~9999（0000＝禁止使用该用户）
2	用户码 2	0	0001~9999（0000＝禁止使用该用户）
3	用户码 3	0	0001~9999（0000＝禁止使用该用户）
4	报警输出时间	180	000~999（0~999s）
5	退出延时时间	90	000~999（0~999s）

(续)

地址	说　　明	预置值	编程值选项范围
6	进入延时时间	90	000~999(0~999s)
7	防区1类型	2	1=即时防区；2=延时防区；3=24h防区；4=跟随防区；5=静音防区；6=周界防区；7=周界延时防区
8	防区1旁路	2	1=允许旁路；2=不允许旁路
9	防区1弹性旁路	2	1=允许弹性旁路；2=不允许弹性旁路
10	防区2类型	4	1=即时防区；2=延时防区；3=24h防区；4=跟随防区；5=静音防区；6=周界防区；7=周界延时防区
11	防区2旁路	2	1=允许旁路；2=不允许旁路
12	防区2弹性旁路	2	1=允许弹性旁路；2=不允许弹性旁路
13	防区3类型	1	1=即时防区；2=延时防区；3=24h防区；4=跟随防区；5=静音防区；6=周界防区；7=周界延时防区
14	防区3旁路	2	1=允许旁路；2=不允许旁路
15	防区3弹性旁路	2	1=允许弹性旁路；2=不允许弹性旁路
16	防区4类型	1	1=即时防区；2=延时防区；3=24h防区；4=跟随防区；5=静音防区；6=周界防区；7=周界延时防区
17	防区4旁路	2	1=允许旁路；2=不允许旁路
18	防区4弹性旁路	2	1=允许弹性旁路；2=不允许弹性旁路
19	防区5类型	1	1=即时防区；2=延时防区；3=24h防区；4=跟随防区；5=静音防区；6=周界防区；7=周界延时防区
20	防区5旁路	2	1=允许旁路；2=不允许旁路
21	防区5弹性旁路	2	1=允许弹性旁路；2=不允许弹性旁路
22	防区6类型	3	1=即时防区；2=延时防区；3=24h防区；4=跟随防区；5=静音防区；6=周界防区；7=周界延时防区
23	防区6旁路	2	1=允许旁路；2=不允许旁路
24	防区6弹性旁路	2	1=允许弹性旁路；2=不允许弹性旁路
25	键盘蜂鸣器	1	0=关闭；1=打开
26	固态输出口1	1	1=跟随布/撤防状态；2=跟随报警输出
27	固态输出口2	1	1=跟随火警复位；2=跟随报警输出；3=跟随开门密码
28	快速布防	2	1=允许快速布防；2=不允许快速布防
29	外部布/撤防	1	1=只能布防；2=可布/撤防
30	紧急按钮功能	0	0=不使用；1=使用
31	继电器输出	0	0=跟随报警输出；1=跟随开门密码
32	劫持码	0	0000~9999(0000=禁止使用)
33	开门密码	0	0000~9999(0000=禁止使用)
34	开门时间	0	000~999(0~999s)；000=禁止使用

(续)

地址	说明	预置值	编程值选项范围
35	无线遥控	0	0=不用；1=使用无线遥控（最多6个）
36	监察无线故障	1	1=12h 监察故障报告；2=24h 监察故障报告
61	单防区布/撤防	0	0=不使用单防区布/撤防和报告，占2个总线地址码； 1=使用单防区布/撤防和报告，占4个总线地址码
99	恢复到出厂值	18	当输入这个数值时,DS6MX-CHI 的所有设置参数（主码除外）会恢复到出厂值。此功能仅仅用于安装和维护

防区类型说明如下：

1）即时防区：布防后，触发了即时防区，会立即报警。

2）静音防区：布防后，触发了防区的报警为静音报警，键盘和报警输出无声/无输出，只通过数据总线将报警信号传到中心。

3）周界防区：当周界布防后，触发了周界防区，都会立即报警。

4）周界延时防区：当周界布防后，所设定的延时防区在进入/退出延时时间结束之后触发报警。

5）延时防区：布防后，所设定的延时防区在进入/退出延时时间结束之后触发报警。

6）跟随防区：布防后，此防区被触发，如果没有延时防区被触发，则立即报警；若有延时防区被触发，则必须等到延时防区报警后方可报警。

7）24h 防区：一直处于激活状态，无论撤/布防与否，只要一触发就立即报警。

8）要求退出（REX）：只有在撤防状态下，一触发该输入，所设置的开锁输出就将跟随开门定时器设置。

9）旁路防区：若某防区允许旁路，则在布防时，输入［用户密码］+［旁路］+［防区编号］+［ON］将旁路该防区。撤防时，所旁路的防区将被清除（24h 防区不可旁路）。

10）弹性旁路防区：某防区设置成弹性旁路防区，在布防期间，若该防区第一次被触发报警，以后该防区再被触发则无效，直到被撤防。

注意：该装置默认 DS6MX 报警主机的防区对应地址设置为 009/010。

（4）DS6MX 报警主机编程示例

DS6MX 报警主机编程示例见表 2-4。

表 2-4 DS6MX 报警主机编程示例

输入主码"1234"，按"*"3s，进入编程状态	所有防区指示灯亮
恢复出厂设置	99 * 18
设置小型报警主机防区1为即时报警防区	7 * 1
设置小型报警主机防区2为延时防区,进入延时时间为10s,退出延时时间为5s	10 * 2 6 * 010 5 * 005
设置小型报警主机防区3为周界即时报警防区	13 * 6
按"*"3s,防区指示灯灭，表示已退出编程	

5. 大型报警主机

DS7400XI-CHI 大型报警主机系统是德国 BOSCH（博世）公司非常成熟稳定的产品，具有很强的实用性,被广泛应用在小区住宅及周界报警系统、大楼安保系统,以及工厂、学校、仓库等各类大型安保系统。它可实现计算机管理,并能方便地与其他系统集成。

(1) DS7400XI-CHI 的主要功能

1) 自带 8 个防区,可扩展 240 个防区,共 248 个防区。

2) 可接 15 个键盘,分为 8 个独立分区,可分别独立布/撤防。

3) 有 200 组个人操作密码,30 种可编程防区功能。

4) 可选择多种防区扩展模块,如主防区键盘 DS6MX 等。

5) 通过 DX4010 可实现与计算机的直接连接,或通过接口的设备与 LAN 连接。

6) 可通过公共电话网络(PSTN)与报警中心连接,支持 4+2、Contact ID 等多种通信格式。

7) 可实现键盘编程或远程遥控编程。

(2) 报警主机主板接线端口

主板左边接线端口由上至下有电源接地、交流电源、报警输出、辅助电源输出、辅助输出总线、后备电源。主板下边接线端口由左至右有键盘总线、报警电话接口、可编程输出口1、可编程输出口2、八防区报警接口,如图 2-33 所示。

图 2-33　DS7400XI-CHI 报警主机主板接线端口

(3) 防区输入端口与报警探测器的连接方法

普通的探测器具有常开或常闭触点输出,即 C、NO 和 C、NC(一般防火探测器是 C、NO)。以 DS7400XI-CHI 自带防区为例,触发方式为开路或短路报警的两种接线方式如图 2-34 所示。

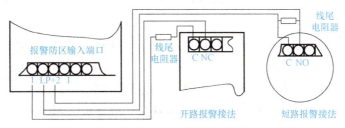

图 2-34　防区输入端口与报警探测器的连接方法

各种报警主机的线尾电阻器都不一样，DS7400XI-CHI 自带防区的线尾电阻器阻值是 2.2kΩ。

（4）编程准备

1）进入编程及退出编程方法。进入编程的密码是"9876#0"，退出编程方法是按"＊"4s，听到"哔"一声，表示已退出编程。

2）输入数据。DS7400XI-CHI 编程地址一定是四位数，而地址的数据一定是两位。如需要将地址 0001 中输入数据"21"，方法是按"9876#0"，此时 DS7447I 键盘的灯都闪动。键盘显示：

$$\boxed{\begin{array}{l} \text{Prog. Mode4.0} \\ \text{Adr}= \end{array}}$$

输入地址"0001"，接着输入"21#"，则显示顺序为

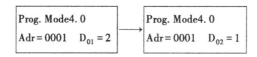

此时自动跳到下一个地址，即地址 0002，若不需要对地址 0002 进行编程，则连续按两次"＊"，则又显示：

$$\boxed{\begin{array}{l} \text{Prog. Mode4.0} \\ \text{Adr}= \end{array}}$$

此时就可以输入新的地址及该地址要设置的数据了。

3）恢复出厂值。进入编程模式后，输入地址"4058"，再输入数据"01"即可。

（5）编程内容

1）防区功能。防区功能是 DS7400XI-CHI 的防区类型，如即时防区、延时防区、24h 防区、防火防区等。DS7400XI-CHI 共有 30 种防区类型可选择，下面介绍几种常用类型。

① 延时防区。系统布防时，在退出延时时间内，如果延时防区被触发，系统不报警。退出延时时间结束后，如果延时防区再被触发，在进入延时时间内，如果对系统撤防，则不报警；延时时间一结束则系统立即报警。这种防区受布/撤防影响。

② 即时防区。系统布防时，在退出延时时间内，如果即时防区被触发，系统不报警。退出延时时间结束后，如果即时防区被触发，则系统立即报警。这种防区受布/撤防影响。

③ 24h 防区。无论系统是否布防，触发 24h 防区则系统均立即报警，一般用于接紧急按钮。

④ 附校验火警防区。火警防区被一次触发后，在 2min 之内若再次触发，则系统报警；否则，不报警。

⑤ 无校验火警防区。火警防区被一次触发后，则系统报警。

⑥ 布/撤防防区。该防区可用来对 DS7400XI-CHI 所有防区或对某一分区进行布/撤防操作。

表示防区功能的有两位数据位，用户既可以使用出厂值，也可以根据数据定义自行编写。表示防区功能的地址中的数据含义见表 2-5。

表 2-5 防区功能表

防区功能号	对应地址	出厂值	含义
01	0001	23	连续报警,延时 1
02	0002	24	连续报警,延时 2
03	0003	21	连续报警,周界即时
04	0004	25	连续报警,内部/入口跟随
05	0005	26	连续报警,内部留守/外出
06	0006	27	连续报警,内部即时
07	0007	22	连续报警,24h 防区
08	0008	7*0	脉冲报警,附校验火警

2）确定一个防区的防区功能。防区功能与防区是两个概念。在防区编程中，就是要把某一具体防区设定具有哪一种防区功能。在防区编程中所要解决的问题：要使用多少个防区，每个防区应设置为哪种防区功能。防区与地址的对应关系见表 2-6。

表 2-6 防区地址表

防区	地址	数据 1	数据 2
1	0031		
2	0032		
3	0033		
……	……		
248	0278		

注：数据 1、数据 2 表示防区功能号（01~30）。

3）防区特性设置。DS7400XI-CHI 是总线式大型报警主机系统，可使用的防区扩充模块有多种型号，如 DS7432、DS6MX 等系列。具体选择哪种型号，可在地址中设置，具体见表 2-7。从 0415~0538 共有 124 个地址，每个地址有两个数据位，分别代表两个防区。两个数据位的含义，见表 2-8。

表 2-7 防区特性表

数据	含 义
0	主机自带防区或 DS7457i 模块
1	DS7432、DS7433、DS7460、DS-6MX
2	DS7465
3	MX280、MX280TH
4	MX280THL
5	Keyfob
6	DS-3MX、DS6MX

表 2-8 地址与数据位对应表

地址	数据 1	数据 2
0415	防区 1	防区 2
0416	防区 3	防区 4
0417	防区 5	防区 6
……	……	……
0538	防区 247	防区 248

4）辅助总线输出编程。DS7400XI-CHI 和 PC 直接相连，或和串口打印机直接连接（用 DX4010），或与继电器输出模块连接时，都要使用辅助总线输出口，以确定辅助输出口的速率、数据流特性等。

① 确定是否使用 DS7412 及向外发送哪些事件，见表 2-9~表 2-11。

表 2-9 地址 4019 数据表

地址 4019	数据 1	数据 2

其中，数据 1 的设置内容及含义见表 2-10。

表 2-10 地址 4019 数据 1 含义表

数据	含　义	数据	含　义
0	不使用 DS7412	1	使用 DS7412

数据 2 的设置内容及含义见表 2-11。

表 2-11 地址 4019 数据 2 含义表

数据	含　义
0	不发事件
1	报警、故障、复位
2	布/撤防
3	报警、故障、复位、布/撤防
4	除报警、故障、复位、布/撤防外的事件
5	报警、故障、复位、其他事件
6	布/撤防、其他事件
7	全部事件
8	CMS7000 监控软件

② 数据流特性编程见表 2-12~表 2-14。

表 2-12 地址 4020 数据表

地址 4020	数据 1	数据 2

其中，数据 1 的设置内容及含义见表 2-13。

表 2-13　地址 4020 数据 1 含义表

数据	含　义
0	300Baud
1	1200Baud
2	2400Baud
3	4800Baud
4	9600Baud
5	14400Baud

数据 2 的设置内容及含义见表 2-14。

表 2-14　地址 4020 数据 2 含义表

数据	8 数据位	1 停止位	2 停止位	无校验	偶数校验	奇数校验	软件	硬件
0	√	√		√			√	
1	√			√				√
2	√		√	√			√	
3	√		√	√				√
4	√	√			√		√	
5	√	√			√			√
6	√	√				√	√	
7	√	√				√		√

5）输出编程。输出编程是根据发生的事件、所在分区和警报类型（盗警、火警）以触发控制主机上的三个输出之一，见表 2-15。

表 2-15　输出编程表

输出	地址	预设值
报警	2734	63
可编程输出 1	2735	33
可编程输出 2	2736	23

6）强制布防和接地故障检测编程。DS7400XI-CHI 在防区不正常时，可以强制布防，但这些防区必须设置为可旁路的防区。另外，在编程过程中还可以设置系统是否检查接地故障。如果设有此项功能，在接地不正常时，键盘会显示"Ground Fault"。数据表见表 2-16。

表 2-16　地址 2732 数据表

地址 2732	数据 1	数据 2

其中，数据 1 的设置内容及含义见表 2-17。

表2-17 地址2732数据1含义表

数据	含义
0	不强制布防
1	强制布防1个防区
2	强制布防2个防区
3	强制布防3个防区
4	强制布防4个防区
5	强制布防5个防区
6	强制布防6个防区
7	强制布防7个防区
8	强制布防8个防区
9	强制布防9个防区

数据2的设置内容及含义见表2-18。

表2-18 地址2732数据2含义表

数据	含义
0	不检测接地
1	检测接地

（6）大型报警主机编程示例

大型报警主机编程示例见表2-19。

表2-19 大型报警主机编程示例

输入系统默认"9876"和"#0",进入编程状态	9876#0
恢复出厂设置	4058　01#
设置1防区为连续报警,周界即时防区	0031　03#
设置3防区为连续报警,延时防区	0033　01#
设置9防区为连续报警,内部即时防区	0039　06#
设置10防区为连续报警,内部即时防区	0040　06#
设置防区9、10采用DS6MX	0419　66#
设置使用DS7412输出到CMS7000监控软件	4019　18#
设置数据波特率2400Baud,8个数据位,1停止位,无校验,软件模式	4020　20#
设置强制布防1个防区,不检测接地	2732　10#
按"＊"4s,退出编程	

6. DS7430单路总线驱动器

DS7430（图2-35）是在DS7400XI-CHI使用总线扩充模块时的必选设备之一。它直接安装在DS7400XI-CHI的主板上，是各类防区扩充模块与DS7400XI-CHI主板之间的接口模块，如图2-36所示。安装DS7430时要完全插入，在断电时安装，总线的正负极不能接错。DS7430上的POWER电源端口输出功率较小，一般不对探测器供电。

图 2-35　DS7430 单路总线驱动器

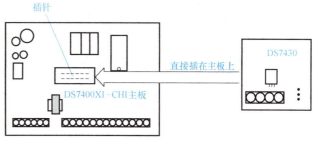

图 2-36　DS7430 单路总线驱动器与 DS7400XI-CHI 主板连接

7. DX4010 串行接口模块

DX4010（图 2-37）是连接 DS7400XI 主板与打印机或计算机的一种接口转换模块。若想使 DS7400XI-CHI 直接连接英文串口打印机或计算机，就必须使用 DX4010 模块，通过使用 RS232 来实现与外围设备的通信，如图 2-38 所示。模块的通信速率为 2400bit/s，与 PC 通信时，串口线的接线顺序为：2-3、3-2、4-6、5-5、6-4、7-8、8-7，其中 2-3、3-2、5-5 为必接。要对地址 4019、4020 进行设置，若与主机通信正常，DX4010 上的 Rx、Tx 2 个 LED 会闪亮。

图 2-37　DX4010 串行接口模块

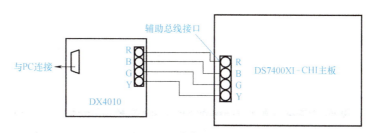

图 2-38　DX4010 串行接口模块与 DS7400XI-CHI 主板和 PC 连接

8. DS7447I 键盘

DS7447I 键盘（图 2-39）有中文显示功能和声音报警功能，能直观显示系统运行状况。当使用 DS7400XI-CHI 报警主机时，必须使用 DS7447I 键盘。DS7400XI-CHI 报警系统可支持

15个键盘，其中可设置主键盘一个（当使用一个键盘时就不必设置主键盘）。当需要分区时，可以用某个键盘控制某一分区，从而对某分区进行独立布/撤防。也可以由主键盘对所有分区同时布/撤防。DS7447I 键盘支持所有系统功能，可作为主键盘管理所有分区。

 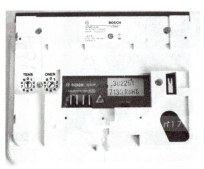

图 2-39　DS7447I 键盘

（九）系统管理软件

管理软件（CMS7000）通过串行通信口与报警主机连接，能够根据从报警主机接收到的报警事件并参照在 PC 软件中设置的防区参数对防区进行报警消息显示、布/撤防状态显示、对报警主机进行远程撤/布防、巡更管理及锁匙开关控制等。

1. 登录和用户界面

为了保证系统安全，CMS7000 的使用人员必须登录后才能拥有相应的操作权限。初始安装的系统拥有系统管理员用户，具有所有权限，其他用户的增加及权限设置由系统管理员管理。系统管理员初始口令为空，如图 2-40 所示。CMS7000 软件主界面如图 2-41 所示。

图 2-40　用户登入界面

图 2-41　CMS7000 软件主界面

2. 工具菜单

CMS7000 所有功能可以通过系统菜单实现，常用功能可以通过工具栏按钮实现。工具栏按钮功能注释如图 2-42 所示。

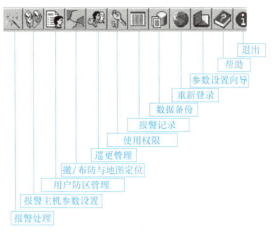

图 2-42　工具栏按钮功能注释

3. 操作员权限管理

"操作员权限管理"界面如图 2-43 所示。

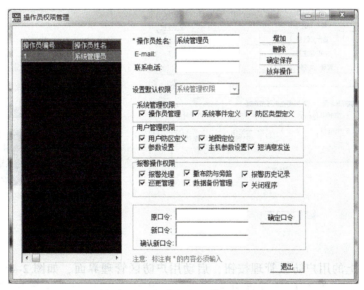

图 2-43　"操作员权限管理"界面

4. 系统参数设置

系统参数设置主要用来设置一些与 CMS7000 软件自身工作状态有关的参数，如图 2-44 所示。

5. 报警主机参数设置

主机参数设置主要用来设置 PC 与 DS7400XI 报警主机的通信参数，为了便于对报警主机进行管理，还可设置报警主机名称、主机管理员及联系方式等参数，如图 2-45 所示。

6. 增加用户组

单击工具栏上的用户组管理按钮，启动"用户组管理"界面，如图 2-46 所示。

图 2-44 "系统参数设置"界面

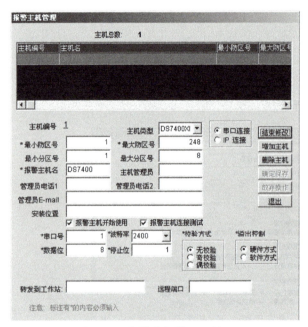

图 2-45 "报警主机管理"界面

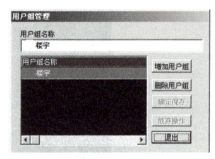

图 2-46 "用户组管理"界面

7. 增加用户及防区

单击工具栏上的用户防区管理按钮，启动用户防区管理界面，如图 2-47 所示。

界面分用户定义及防区管理两部分。在第一次定义用户时，先激活用户定义（单击"开始修改"按钮），填写用户名称，然后激活防区定义与管理。

激活用户及防区管理功能，要增加用户，可选择用户所属的用户组，输入用户名称及其他参数，单击"确定保存"按钮。要增加防区，可选择防区所属用户，输入防区名称，选择防区类型，选择防区对应的报警主机，选择防区对应报警主机中的防区编号。

增加防区之前应确定报警主机的防区设置情况，默认状态为开路，短路触发报警。可以通过通信监控窗口观察报警触发的消息。

如果使用的防区实际属性与防区类型模板中初始设置不一致，可以先在"系统菜单→参数设置"里修改"防区类型设置"，然后再设置用户防区资料。修改"防区类型设置"对已经设置完的防区没有影响。

项目二　入侵和紧急报警系统的安装与调试

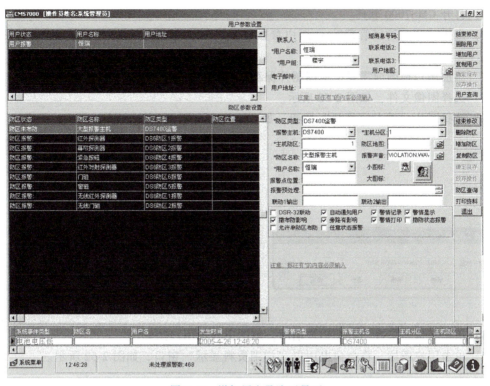

图 2-47　增加用户及防区界面

8. 数据备份

单击"数据备份"菜单或工具栏中的"数据备份"按钮都可以打开"数据库备份管理"对话框。可指定数据库的备份名，在此有两种选择：一种是按备份操作的时间自动产生，另一种是用户指定，如图 2-48 所示。

9. 用户地图添加

可以为每个防区或用户指定其所属的地图文件名称，定义它们在地图上的位置，用于监控防区。

图 2-48　"数据库备份管理"对话框

显示地图时，如果选择的是用户方式，则显示所有被定义在指定地图上的用户；如果选择的是防区方式，则显示指定地图上的所有防区。有报警事件发生的用户或防区将动态显示在地图上。系统定义了一张主监控地图，在规定时间内系统可以自动将监控地图切换到主监控地图上进行用户监控。添加用户地图的操作步骤如下：

图 2-49　添加用户地图对话框

55

1）打开 CMS7000 软件。

2）进入"用户防区管理"→"用户参数设置"→"开始修改"→"用户地图",如图 2-49 所示。

3）添加用户地图前需要把地图图片保存在文件夹"C：\ CMS7000 \ Map"中。

4）选择图像文件,如图 2-50 所示。

5）选择图片,单击"打开"按钮,如图 2-51 所示。最后确认保存。

图 2-50 "图像文件选择"对话框　　　　图 2-51 "选择地图文件"对话框

6）用户定位,拖拽用户至用户地图,地图中显示用户图标。

7）单击用户图标,将会弹出用户"详细资料显示"窗口,如图 2-52 所示。

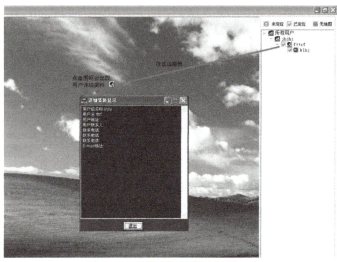

图 2-52 "详细资料显示"窗口

10. 防区地图添加

1）进入"用户防区管理"→"防区参数设置"→"开始修改"→"防区地图",如图 2-53 所示。

2）参照用户地图的添加方式添加防区地图。

图 2-53 添加防区地图对话框

3) 修改防区报警图标。
4) 参照用户定位的方法添加防区定位。

(十) 常见故障及处理方法

1. 键盘故障 (表2-20)

表2-20　键盘故障分析

键盘显示内容及含义	故 障 原 因	处 理 方 法
键盘连续鸣响且显示"Not Programmed, See Install Guide"	1) 键盘地址设置不对 2) 键盘编程不对 3) 11~15键盘接线不对	1) 重新设置键盘主板的跳线 2) 检查3131~3138的编程内容 3) 检查11~15键盘的接线
键盘输入无效，显示"System fault"	1) 键盘接线错误 2) 键盘被设定在错误的分区或不存在的分区 3) CPU故障	1) 检查键盘连线 2) 强制进入编程，重新编程 3) 检查EPROM或更换主板
DS7447I键盘显示不受控制，但按键有效	将LCD设为LED	进入编程模式并将键盘重新设置为LCD键盘

2. 系统故障 (表2-21)

当键盘上Power绿灯闪烁，并显示 `Control Trouble Enter #87` 时，表示主机有故障。

表2-21　系统故障分析

故障现象及显示内容	故 障 原 因	处 理 方 法
Keypad Fault	1) 键盘损坏或接线有误 2) 编程错误	1) 检查键盘 2) 检查3131~3138的编程内容
Battery Fault	未接备用电池或有故障	1) 检查或更换电池 2) 若电池电量不足，充电2h后按"System Reset"清除
Zone Trouble	1) 防区开路故障 2) 扩充防区有故障	1) 检查防区接线 2) 编程的扩充防区与实际扩充模块不符 3) 扩充模块有故障 4) 把开路故障设为开路报警
不能对系统布防 Not ready Enter #87	1) 系统有故障 2) 如果交流电源断开，则须强制布防	1) 查找故障原因 2) 按PIN+On+Bypass进行强制布防
RAM fault	主机编程时，突然断电	进入编程再退出即可

3. 防区故障 (表2-22)

表2-22　防区故障分析

故障现象及显示内容	故 障 原 因	处 理 方 法
Not Ready, Zone Trouble ××× ("×××"为防区编号)	1) DS7457i有故障 2) DS7432有故障或拨码有误 3) DS7432防拆开关未盖 4) 总线有故障	1) 检查总线 2) 检查扩充模块 3) 检查防区扩充模块的地址码设置 4) 探测器电源断电

(续)

故障现象及显示内容	故障原因	处理方法
Fire Trouble 但不显示任何防区	接地故障	参见接地故障分析

三、标准规范

（一）工程施工要求

安全防范工程施工单位应根据深化设计文件编制施工组织方案，落实项目组成员，并进行技术交底。进场施工前应对施工现场进行相关检查。

线缆敷设前应进行导通测试。线缆应自然平直布放，不应交叉缠绕打圈。线缆接续点和终端应进行统一编号，设置永久标识，线缆两端、检修孔等位置应设置标签。

线缆穿管管口应加护圈，防止穿管时损伤导线。导线在管内或线槽内不应有接头或扭结。导线接头应在接线盒内焊接或用端子连接。

设备安装前应对设备进行规格型号检查及通电测试。设备安装应平稳、牢固、便于操作维护，避免人身伤害，并与周边环境相协调。

入侵和紧急报警设备安装应符合下列规定：

1）各类探测器的安装点（位置和高度）应符合所选产品的特性、警戒范围要求和环境影响等。

2）入侵探测器的安装应确保对防护区域的有效覆盖，当多个探测器的探测范围有交叉覆盖时，应避免相互干扰。

3）周界入侵探测器的安装应能保证防区交叉，避免盲区。

4）需要隐蔽安装的紧急按钮应便于操作。

5）探测器应安装牢固，范围内无障碍物。

6）室外探测器的安装位置应在干燥、通风、不积水处，并有防潮措施。

7）磁控开关宜装在门或窗内，安装应牢固、整齐美观。

8）振动探测器的安装位置应远离电机和水泵等振源。

9）玻璃破碎探测器的安装位置应靠近保护目标。

10）安装红外对射探测器时，接收端应避开阳光和其他大功率灯直射，应顺光方向安装。

另外，监控中心控制、显示等设备屏幕应避免阳光直射，当不可避免时，应采取避光措施。在控制台、机柜（架）、电视墙内安装的设备应有通风散热措施，内部插接件与设备连接应牢靠。设备金属外壳、机架、机柜、配线架、金属线槽和结构等应进行等电位联结并接地。

（二）系统调试要求

系统调试前，应根据设计文件、设计任务书、施工计划编制系统调试方案。系统调试过程中，应及时、真实地填写调试记录。系统调试完毕后，应编写调试报告。系统的主要性能、性能指标应满足设计要求。

系统调试前，应检查工程的施工质量，查验已安装设备的规格、型号、数量、备品备件等。系统在通电前应检查供电设备的电压、极性、相位等。应对各种有源设备逐个进行通电检查,工作正常后方可进行系统调试。

入侵和紧急报警系统调试应至少包含下列内容:

1) 探测器的探测范围、灵敏度、报警后的恢复、防拆保护等。
2) 紧急按钮的报警与恢复。
3) 防区、布/撤防、旁路、胁迫报警、防破坏及故障识别、告警、用户权限等设置、操作、指示/通告、记录/存储、分析等。
4) 系统的报警响应时间、联动、复核、漏报警等。
5) 入侵和紧急报警系统的其他功能。

(三) 工程质量验收

入侵和紧急报警系统工程质量验收记录表见表 2-23。

表 2-23 入侵和紧急报警系统工程质量验收记录表

工程名称				子分部工程	
施工单位				项目经理	
施工执行标准名称及编号					
		质量验收规范的规定		检测记录	备注
主控项目	1	探测器设置	探测器盲区		
			防小动物功能		
	2	探测器防破坏功能	防拆报警		
			信号线开路、短路报警		
			电源线被剪报警		
	3	探测器灵敏度	是否符合设计要求		
	4	系统控制功能	系统撤防		
			系统布防		
			关机报警		
			后备电源自动切换		
	5	系统通信功能	报警信息传输		
			报警响应		
	6	现场设备	接入率		
			完好率		
	7	系统联动功能			
	8	报警系统管理软件			
	9	报警事件数据存储			
	10	报警信号联网			
施工单位检查评定结果					
			项目专业质量检查员: 年 月 日		
监理(建设)单位验收结论					
			监理工程师 (建设单位项目专业技术负责人) 年 月 日		

（四）技术标准规范

1)《智能建筑设计标准》（GB 50314—2015）。
2)《智能建筑工程质量验收规范》（GB 50339—2013）。
3)《安全防范工程技术标准》（GB 50348—2018）。
4)《建筑电气工程施工质量验收规范》（GB 50303—2015）。
5)《入侵报警系统工程设计规范》（GB 50394—2007）。
6)《入侵和紧急报警系统技术要求》（GB/T 32581—2016）。
7)《入侵和紧急报警系统 告警装置技术要求》（GB/T 36546—2018）。
8)《入侵和紧急报警系统 控制指示设备》（GB 12663—2019）。

（五）系统发展趋势

近年来随着城镇化的不断提升，以及"平安城市""智慧城市"的建设，我国安防市场得到快速发展。中国已经发展成为全球最大的安防市场，并成为世界安防技术创新的引领者。随着 5G 技术、物联网、人工智能、大数据、视频图像处理技术等的发展，传统的入侵和紧急报警系统正由数字化、网络化逐步走向智能化。

智能安防系统可以实现智能分析和判断，一旦安防设备出现异常，及时发出警报，通知工作人员对监控事件及时处理，以降低损失。人工智能物联网（AIoT）技术让整个安防市场的边界越来越模糊，视频监控和出入口控制厂商向智能物联进阶，楼寓对讲和防盗报警厂商向智能家居进阶。行业边界的拓宽，为安防行业带来更多的机会。

一、任务导入

家庭入侵和紧急报警系统是整个安全防范系统网络中最重要的一环，也是最后一个环节。当有窃贼非法入侵住宅或发生煤气泄漏、火灾、老人急病等紧急事件时，通过安装在户内的各种电子探测器自动报警，接警中心可在数十秒内获得警情消息，并迅速派出保安或救护人员赶往警情现场进行处理。

小周是一家贸易公司的销售经理，因为工作原因，需要经常到外地出差，对家里的财物和人身安全非常担忧，计划通过增加入侵和紧急报警系统排除隐患，请进行方案设计。具体任务如下：

1) 根据建筑平面图（图 2-54）确定需要防护的地点和范围，绘制入侵和报警系统图。
2) 用表格形式列出所需要的设备材料清单（名称、型号、规格、数量等内容）。
3) 在实训模块上进行入侵和紧急报警系统的设备、元器件的安装与接线。
4) 在实训模块上进行入侵和紧急报警系统硬件和软件的调试。

二、任务分析

首先，根据任务要求确定需要防护的地点和范围，明确所需探测器的种类和数量，明确报警主机的种类和数量，绘制入侵和紧急报警系统图，填写设备配置清单和工作计划。再参照实训设备选择设备型号和管理系统软件，最后进行设备安装、调试与维护。

本次设计的入侵和紧急报警系统在家庭中应用，考虑到家庭厨房有燃气使用，客厅里电器设备较多，因此增加了候选的燃气探测器、烟雾探测器和感温探测器。

周界、开放式阳台和较大的出入口推荐使用红外对射探测器，室内探测人体移动可以采

项目二　入侵和紧急报警系统的安装与调试

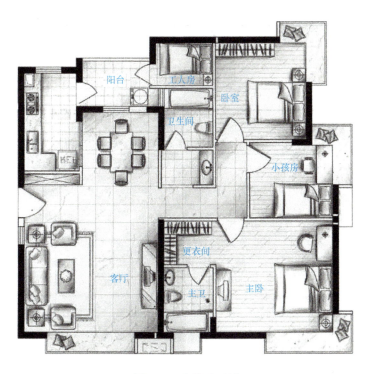

图 2-54　建筑平面图

用被动红外探测器，门窗处一般使用门磁、幕帘探测器、玻璃破碎探测器和振动探测器，厨房使用燃气探测器，客厅使用烟雾探测器、感温探测器和紧急按钮，有老人的卫生间推荐使用紧急按钮。

如果家庭中安装的探测器数量较多，可以采用多个小型报警主机和一个大型报警主机的形式，并在客厅通过声光报警器实现现场报警。

三、任务决策

分组讨论制订入侵和紧急报警系统设计方案，确定防护地点和范围（表 2-24），绘制入侵和紧急报警系统图（图 2-55），填写设备选型及配置表（表 2-25）。

（一）确定防护地点和范围

表 2-24　防护地点表

序号	地点	拟采用探测器	说明
1	客厅		
2	厨房		
3	北阳台		
4	南阳台		
5	卫生间		
6	卧室		
7	小孩房		

（续）

序号	地点	拟采用探测器	说明
8	主卧		
9	主卫		
10	出入口		

（二）绘制系统图

图 2-55　入侵和紧急报警系统图

（三）设备选型及配置

表 2-25　设备选型及配置表

序号	名　　称	型号	规格	数量
1	红外对射探测器			
2	被动红外探测器			
3	幕帘探测器			
4	玻璃破碎探测器			
5	振动探测器			
6	烟雾探测器			
7	燃气探测器			
8	感温探测器			
9	门磁			
10	紧急按钮			
11	大型报警主机			
12	六防区报警主机			
13	液晶键盘			
14	单路总线驱动器			
15	打印机接口模块			
16	声光报警器			

项目二 入侵和紧急报警系统的安装与调试

一、工作计划

学习施工流程图，分组讨论并制订工作计划，填写工作计划表（表2-26）。

表 2-26 入侵和紧急报警系统工作计划表

流水号	工作阶段	工作要点备注	资料清单	工作成果
1	设备准备			
2	设备安装			
3	弱电布线			
4	布线验收			
5	键盘编程			
6	系统调试			
7	系统验收			

二、材料清单

根据制订的住户入侵和紧急报警系统设计方案列举任务实施中需要用到的材料，填写材料清单表，见表2-27。

表 2-27 材料清单表

序号	名　称	型号与规格	功能	选型依据
1				
2				
3				
4				
5				
6				
7				
8				
9				
10				
11				

一、器件安装

在网孔板上模拟安装住户入侵和紧急报警系统的设备、元器件，安装位置如图2-26所示。实训模块安装完成后进行小组互查，填写元器件安装检查表，见表2-28。

表 2-28　元器件安装检查表

序号	名　　称	负责人	安装位置检查	安装可靠性检查
1	红外对射探测器			
2	被动红外探测器			
3	幕帘探测器			
4	玻璃破碎探测器			
5	振动探测器			
6	紧急按钮			
7	燃气探测器			
8	感温探测器			
9	门磁			

二、工艺布线

在实训设备上模拟进行设备、元器件接线，接线示意图如图 2-27 所示。实训模块接线完成后进行小组互查，填写工艺布线检查表，见表 2-29。

表 2-29　工艺布线检查表

序号	名　　称	负责人	正确性检查
1	大型报警主机各防区接线，重点查 12V		
2	小型报警主机各防区接线，重点查 12V		
3	空防区短接		
4	大型报警主机—小型报警主机的总线		
5	大型报警主机—液晶键盘		
6	大型报警主机—声光报警器		
7	输入电源、打印接口模块		

三、系统调试

根据调试项目完成入侵和紧急报警系统的设置和调试，填写系统调试检查表，见表 2-30。

表 2-30　系统调试检查表

序号	调试项目名称	负责人	检查确认	备注
1	小型报警主机编程			
2	大型报警主机编程			
3	软件设置			
4	布防/撤防/旁路操作			
5	家庭防盗系统模拟			
6	家庭火灾系统模拟			
7	报警记录和查询			

四、故障分析

针对入侵和紧急报警系统在调试过程中发现的故障,分组进行分析和排除,填写故障检查表,见表 2-31。

表 2-31　故障检查表

序号	故障内容	负责人	故障解决方法
1			
2			
3			
4			

五、工作记录

回顾入侵和紧急报警系统安装与调试项目的工作过程,填写工作记录表,见表 2-32。

表 2-32　工作记录表

项目名称　入侵和紧急报警系统的安装与调试
日期:＿＿＿＿年＿＿＿月＿＿＿日　　　　　　　记录人:＿＿＿＿＿
工作内容:
资料/媒体:
工作成果:
问题解决:
需要进一步处理的内容:
小组意见:
日期:　　　　　　　　　　　学生签字:
日期:　　　　　　　　　　　教师签字:

任务验收

根据表 2-33 所列调试项目进行入侵和紧急报警系统安装与调试的验收，完成三方评价。

表 2-33　入侵和紧急报警系统安装与调试验收记录表

项	目		评定记录			
			自评	组评	师评	总评
1	设备安装	探测器安装				
		报警主机安装				
2	设备接线	防区信号接线				
		电源接线				
		通信接线				
3	键盘编程	小型报警主机防区				
		大型报警主机防区				
		通信编程				
4	软件配置	通信配置				
		防区配置				
		地图配置				
5	系统功能	布防、撤防				
		触发报警				
		故障报警				
		报警时间				
		软件用户布/撤防				
		报警信息记录				
6	职业素养					
7	安全文明					

小组意见：

组长签字：　　　　　　　　　　　　　教师签字：

日期：　　　　　　　　　　　　　　　日期：

 工作评价

根据入侵和紧急报警系统项目完成情况，由小组和教师填写工作评价表，见表 2-34。

项目二　入侵和紧急报警系统的安装与调试

表 2-34　入侵和紧急报警系统安装与调试工作评价表

学习小组		日期	
团队成员			
评价人	□ 教师　　□ 学生		

1. 获取信息

评价项目	记录	得分	权重	综合
专业能力			0.45	
个人能力			0.1	
社会能力			0.1	
方法和学习能力			0.35	
得分(获取信息)			1	

2. 决策和计划

评价项目	记录	得分	权重	综合
专业能力			0.45	
个人能力			0.1	
社会能力			0.1	
方法和学习能力			0.35	
得分(决策和计划)			1	

3. 实施和检查

评价项目	记录	得分	权重	综合
专业能力			0.45	
个人能力			0.1	
社会能力			0.1	
方法和学习能力			0.35	
得分(实施和检查)			1	

4. 评价和反思

评价项目	记录	得分	权重	综合
专业能力			0.45	
个人能力			0.1	
社会能力			0.1	
方法和学习能力			0.35	
得分(评价和反思)			1	

▶ 课后作业

1. 请用图示说明入侵和紧急报警系统的组成。
2. 什么是探测器？探测器根据警戒范围如何分类？
3. 入侵和紧急报警系统实训模块的主要器件有哪些？

4. 简述入侵和紧急报警系统的工程施工要求。

5. 绘制防区输入端口与报警探测器的开路或短路报警接线方式图。

6. DS7400XI 的常用防区类型有哪些？请简单叙述其特点。

7. CMS7000 工具栏按钮有哪些？请列举名称。

8. 请简述报警主机参数设置内容。

9. 对入侵和紧急报警系统任务分析、决策、计划、实施、检查和评价过程中发现的问题进行归纳，列举改进和优化措施。

10. 什么是用户地图和防区地图？它们的作用分别有哪些？

11. 入侵和紧急报警系统调试应至少包含哪些内容？

12. 入侵和紧急报警系统质量规范验收规定的检测内容有哪些？

项目三 视频监控系统的安装与调试

  学习目标

1. 了解视频监控系统的功能概述、应用场合、系统组成和主要设备功能等内容。
2. 能够根据客户需求进行方案设计，绘制系统图。
3. 能够进行视频监控系统的设备选型及配置建议。
4. 能够进行视频监控系统的设备安装、接线和调试。
5. 能够进行视频监控系统管理软件的参数设置和调试。
6. 了解视频监控系统的项目功能检查与规范验收。
7. 养成自觉遵守和运用标准规范、认真负责、精益求精的工匠精神。
8. 养成职业规范意识和团队意识，提升职业素养。

  知识准备

一、应用现场

视频监控系统是利用视频技术探测、监视监控区域并实时显示、记录现场视频图像的电子系统。视频监控是安全防范系统的重要组成部分。视频监控系统通过遥控摄像机及其辅助设备（镜头、云台等）直接观看被监视区域的一切情况，可以把被监视区域的图像、声音内容同时传送到监控中心，如图3-1所示。同时，视频监控系统还可以与入侵和紧急报警系统等其他安全技术防范体系联动运行，使防范能力更加强大。

随着社会治安状况的日趋复杂，公共安全问题不断凸显，城市犯罪手段不断更新、升级，这些都迫切要求加快发展以主动预防为主的视频监控系统。随着计算机、网络以及图像处理、传输技术的飞速发展，视频监控技术也有了长足的发展，用户对监控系统的要求越来越高。

视频监控系统以其直观、准确、及时和信息内容丰富的特点，广泛应用于金融、公安、部队、电信、交通、电力、教育、水利等领域的安全防范，如金融大厦中金库、保险柜房间，博物馆、展览馆的展览大厅和贵重文物库房，自选商场或大型百货商场的营业大厅等，机场、车站、码头、停车场等。

二、知识导入

（一）系统组成

视频监控系统包括前端设备、传输设备、记录/显示设备和处理/控制设备四个部分，如图3-2所示。

图 3-1　视频监控系统应用现场

前端设备主要是摄像部分，安装在监视现场，包括摄像机、镜头、防护罩、支架和云台等。它的作用是对监视区域进行摄像并将其转换成电信号。摄像部分是监控系统的前沿，它把监视的内容转换为图像信号，传送到控制中心的监视器上。摄像部分的质量及其产生的图像信号质量将影响整个系统的质量。

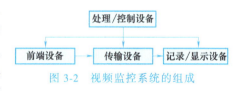

图 3-2　视频监控系统的组成

传输设备的任务是把现场摄像机发出的电信号传送到控制中心。目前已经广泛应用的 IP 视频监控系统的前端摄像头采用 POE 供电，同一根网线上既传输数据又传输电力。IP 摄像头采用网线接入就近的 POE 交换机，POE 交换机通过光纤接入监控室（或中心机房）的核心交换机。

记录/显示设备的任务是把从现场传来的电信号转换成图像存储在记录设备上，在监视设备上进行显示，包含的主要设备有监视器、电视墙、录像机、存储设备等。

处理/控制设备负责所有设备的控制与图像信号的处理。视频管理服务器提供录像、检索、系统管理、录像资料存储管理等服务，实现监控视频的上墙监看。通过客户端进行前端视频浏览和控制。

近年来，随着科技的飞速发展，视频监控技术不断实现突破和创新，视频监控行业从模拟标清时代发展到网络高清时代。高清视频监控系统主要由前端、传输、终端三部分组成，图 3-3 为 IP 网络型高清视频监控系统拓扑图。本项目主要针对网络高清视频监控进行介绍，其基本特征是图像分辨率大于或等于 1920×1080 像素。

前端部分在各个点位部署高清网络摄像机及相应配套设备；终端部分主要部署存储设备、显示大屏、视频综合管理一体机、核心交换机、客户端 PC 等设备；传输部分为前端部

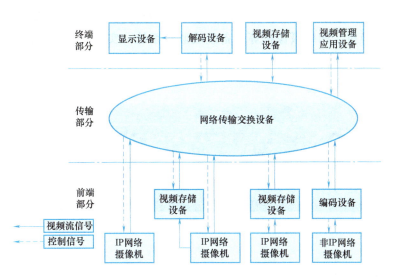

图 3-3　IP 网络型高清视频监控系统拓扑图

分与终端部分的信息传输提供通道，主要包括光纤收发器、EPON（以太网无源光网络）设备和接入交换机等，如图 3-4 所示。

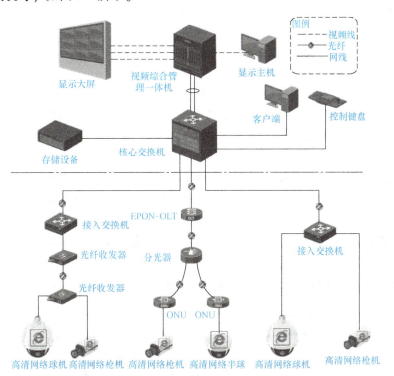

图 3-4　高清视频监控系统

（二）主要设备

1. 网络硬盘录像机

网络硬盘录像机（Net Video Recorder，NVR）是视频监控系统中的重要设备，如图 3-5

所示。它采用视音频编解码技术、嵌入式系统技术、存储技术、网络技术和智能技术等，可以和路由器、交换机、网络摄像机等设备组成监控系统，实现监控画面的预览、录像、回放，以及摄像头控制和报警等功能。网络硬盘录像机既可进行本地独立工作，也可联网组成一个强大的安全防范系统。

图 3-5　网络硬盘录像机

2. 智能高速球摄像机

智能高速球摄像机集网络远程监控功能、视频服务器功能和高清智能球功能为一体，安装方便，使用简单，性能稳定可靠，如图 3-6 所示。

智能高速球摄像机除具有预置点、扫描等基础功能外，还基于以太网控制，可实现图像压缩并通过网络传输给不同用户；基于 NAS（网络存储设备）的远程集中存储，方便数据的存储及调用；支持动态调整编码参数；内置云台，采用精密电动机驱动，设备反应灵敏、运转平稳，实现图像无抖动。

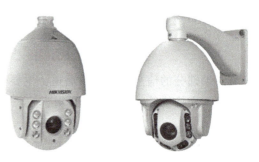

图 3-6　网络智能高速球摄像机

用户可通过浏览器控制智能高速球摄像机，并设置智能高速球摄像机参数，如系统参数、OSD 显示、巡航路径等参数；还可实现人脸侦测、越界侦测、区域入侵侦测、车辆检测等智能功能。

智能高速球摄像机根据安装环境等因素的不同，可采用不同的安装方式。最常见的几种支架包括长壁装支架、短壁装支架、墙角装支架和柱杆装支架。壁装支架可用于室内或者室外的硬质墙壁结构悬挂安装。下面以壁装支架为例说明智能高速球摄像机支架的安装步骤。

1）检查安装环境。确定墙壁的厚度应足够安装膨胀螺栓，墙壁至少能承受 8 倍智能高速球摄像机加支架等附件的重量。

2）检查支架及其配件。支架配件包括螺母、膨胀螺栓及其平垫片，如图 3-7 所示。

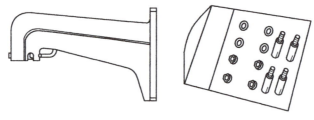

图 3-7　支架及其配件

3）打孔并安装膨胀螺栓。根据墙壁支架的孔位标记钻 4 个 φ12mm 的孔，并将规格为

M8 的膨胀螺栓插入钻好的孔内，如图 3-8 所示。

4）支架固定。线缆从支架内腔穿出后，将配备的 4 颗六角螺母垫上平垫圈后锁紧穿过壁装支架的膨胀螺栓。固定完毕后，支架即安装完毕，如图 3-9 所示。

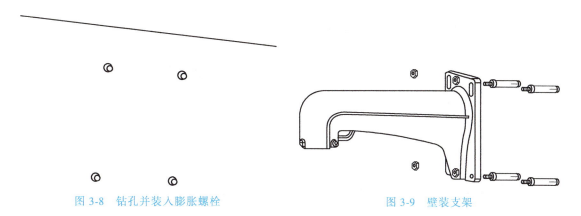

图 3-8　钻孔并装入膨胀螺栓　　　　　图 3-9　壁装支架

5）拆封智能高速球摄像机。打开红外智能高速球摄像机包装盒，取出智能高速球摄像机，撕掉保护贴纸，如图 3-10 所示。

6）将智能高速球摄像机安全绳挂钩系于支架的挂耳上，连接各线缆，并将剩余的线缆拉入支架内，如图 3-11 所示。

7）连接智能高速球摄像机与支架。确认支架上的两颗锁紧螺钉处于非锁紧状态（锁紧螺钉没有在内槽内出现），将球机送入支架内槽，并向左（或者向右）旋转一定角度至牢固，如图 3-12 所示。

8）连接好后，使用 L 形内六角扳手拧紧两颗锁紧螺钉，如图 3-13 所示。固定完毕后，请撕掉红外灯保护膜，智能高速球摄像机安装结束。

图 3-10　撕掉保护贴纸

图 3-11　悬挂安全绳　　　图 3-12　连接智能球　　　图 3-13　拧紧锁紧螺钉

3. 网络摄像机

网络摄像机是集成了视音频采集、智能编码压缩及网络传输等多种功能的数字监控产品。它采用嵌入式操作系统和高性能硬件处理平台，具有较高的稳定性和可靠性，可以通过浏览器或客户端软件实现远距离传输、实时视频浏览和配置等功能。网络摄像机应尽量安装在固定的地方，摄像机的防抖功能和算法本身能对相机抖动进行一定程度的补偿，但是过大的晃动还是会影响到检测的准确性。应尽量避免选择玻璃、地砖、湖面等反光的场景。

（1）筒形网络摄像机

常见的红外筒形网络摄像机如图 3-14 和图 3-15 所示。

图 3-14　红外点阵筒形摄像机（方筒形）　　　　图 3-15　红外筒形网络摄像机（圆筒形）

筒形网络摄像机可采用壁装支架安装和吸顶式支架安装，分别如图 3-16 和图 3-17 所示。

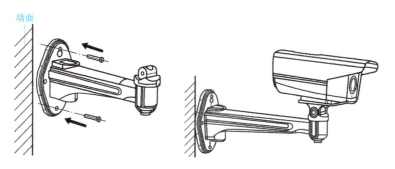

图 3-16　壁装支架安装

（2）半球网络摄像机

常见的红外半球网络摄像机如图 3-18 所示。

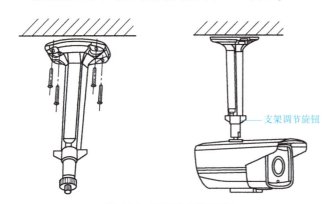 

图 3-17　吸顶式支架安装　　　　　　　　图 3-18　红外半球网络摄像机

红外半球网络摄像机支持多种安装方式，包括吸顶装、壁装、吊装等。安装步骤如下：

1）安装贴纸。将安装贴纸贴在需要安装摄像机的天花板部位，然后根据安装贴纸上标识的孔位钻孔，如图 3-19 所示。

2）拆卸摄像机。拧开摄像机底座的紧固螺钉，向上取出摄像机机身，再将摄像机外罩沿逆时针方向旋转取出，将摄像机固定环、球体和底座拆卸，如图 3-20 所示。

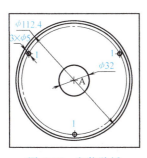

图 3-19　安装贴纸

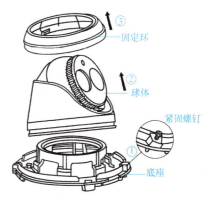

图 3-20　拆卸摄像机

3）固定底座。用附带的螺钉自下往上地将摄像机底座固定到天花板上，如图 3-21 所示。

4）安装摄像机。将摄像机安装到天花板上，如图 3-22 所示。

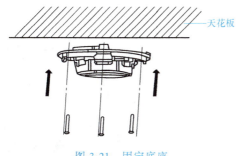

图 3-21　固定底座

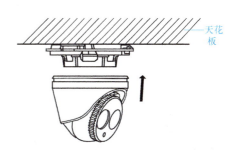

图 3-22　安装摄像机

（3）网口防水套

网络摄像机出厂时配有网口防水套，在室外安装使用时，需要安装网口防水套，防止线路遇水短路。网线穿过紧固螺母、防水胶圈、防水帽主体；将防水胶圈塞入防水帽主体内，用于增强密封性；制作网线的水晶头，并将 O 形胶圈套在摄像机的网口上；将制作好的网线插入网口内，将防水帽主体套在网口端，将紧固螺母顺时针方向旋入防水帽主体，防水帽主体旋入网口时，请保持网口的卡扣和防水帽主体的缺口对齐，如图 3-23 所示。

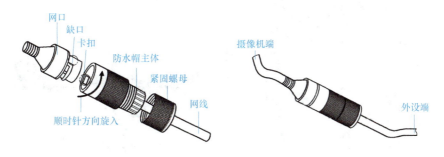

图 3-23　安装网口防水套

4. 存储设备

视频存储设备（图 3-24）应能记录实时高清图像（分辨率大于或等于 1920×1080 像素），配置的存储设备容量能满足录像存储时间要求。存储容量可按下式估算：

$$存储容量估算值/(MB/h) = \frac{单路视频标称码流/(Mbit/s)}{8} \times 3600 \times 存储路数$$

存储系统配置参数、系统管理日志、用户管理数据、报警文件等重要信息的设备具有沉余、纠错及自动备份等功能。存储图像索引、摘要等信息的设备，其存储空间与对应的图像数据量相适应，并支持与对应高清图像数据的同步更新。

存储设备要能按图像的来源、记录时间、报警事件类别等多种方式对存储的高清图像数据进行快速检索及回放，并支持多用户同时访问同一高清图像数据。

高清视频监控系统存储策略一般采用在中心机房部署存储设备进行集中存储，实时存储前端采集的信息，存储周期超过 30 天。平台和客户端可以直接从存储设备中取流实现预览和回放。

5. 显示拼接屏

监控中心可采用 LCD 拼接屏作为显示幕墙，不仅可以显示前端设备采集的画面、地理信息系统图形、报警信息，其他应用软件界面等，还能接入本地的 VGA 信号、DVD 信号以及有线电视信号，满足用户各种信号类型的接入需求，如图 3-25 所示。

图 3-24 视频存储设备

图 3-25 显示拼接屏

6. 支架及立杆

根据现场实际情况，支架可采用立杆安装、抱箍安装、壁挂安装及吊杆安装等方式，如图 3-26 所示。其中，抱箍、壁装支架以及吊杆支架有成套产品，根据现场选择符合要求的产品即可。

图 3-26 支架及立杆

图 3-26　支架及立杆（续）

7. 室外机箱

室外摄像机的供电、信号等需要在室外进行采集，并用专用的防水箱进行端接。室外机箱内部安装架的设计应充分考虑设备的安装位置，同时兼具防雨、防尘、防高温、防盗等功能，如图 3-27 所示。

图 3-27　室外机箱

（三）系统结构图

视频监控系统图如图 3-28 所示。

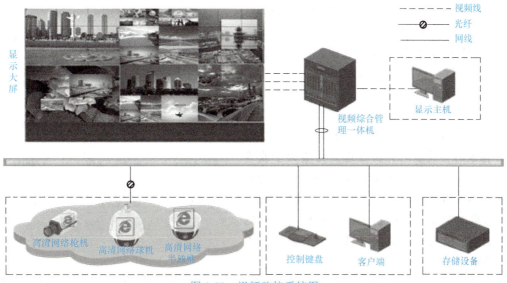

图 3-28　视频监控系统图

网络硬盘录像机本地独立工作系统是一个小型的视频监控系统（图3-29），适用于独立的别墅、住宅、小型公司、小型超市等。硬盘录像机作为存储设备。接入摄像头的数量取决于硬盘录像机的接入网口数量。

视频监控系统常与入侵和紧急报警系统（或设备）进行系统集成，实现报警联动。

图3-30所示就是在本地独立工作的视频监控系统里增加了红外对射探测器报警输入。当红外对射探测器检测到非法入侵时，可以联动摄像机实现报警录像和自动抓图，声光报警器发出声、光警示信号，提高了安全防范系统的防护和取证能力。

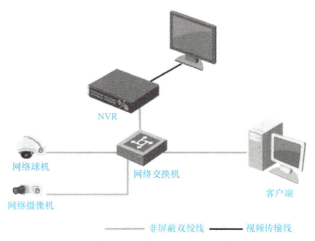

图3-29 网络硬盘录像机本地独立工作系统图

图3-30 本地独立工作视频监控系统框图

（四）施工流程图

视频监控系统施工流程图如图3-31所示。

（五）设备选型原则

视频监控系统设计以先进性、可靠性、实用性、经济性、扩展性为基本原则，设备选型应符合以下要求。

1. 前端采集设备

前端采集设备每路图像分辨率为1920×1080像素时，其实时计算处理能力应大于或等于25帧/s；视频输出最大码率与标称码率的偏差值应小于或等于50%；应有设备认证功能；宜有防篡改和安全访问机制；宜有抗病毒和抗攻击能力；镜头应满足高清摄像机采集高清图像的要求。

视频监控系统中，前端设备应根据不同场景的不同需求选择超低照度、强光抑制、高清

图3-31 视频监控系统施工流程图

透雾、防红外过曝、3D数字降噪、超宽动态等功能的摄像机,保证在各种特定场景及环境下采集清晰的图像,提高整个系统的质量。对于不同场景,摄像机的选择如下。

(1) 室内场景

楼梯、走廊、电梯、出入口等室内通道采用高清红外半球摄像机。室内大型区域采用高清红外球机或高清枪式摄像机。室内小型区域采用高清红外半球摄像机。

(2) 室外场景

停车场、广场等室外大场景采用高清红外球机或高清枪式摄像机。路面监控采用超低照度或红外高清枪机或球机。制高点监控采用具有透雾功能的一体化云台或高清红外球机。

2. 传输(交换)设备

传输设备的带宽应满足高清视频信号传输的要求。

IP网络传输(交换)设备的吞吐量应满足产品技术文件的要求;时延、时延抖动和丢包率符合规范文件的要求。传输线缆应与传输(交换)设备、传输距离相适应。

3. 视频存储设备

视频存储设备应能记录实时高清图像,每路存储的高清图像分辨率大于或等于1920×1080像素;配置的存储设备容量能满足录像存储时间的要求;设备具有重要信息的冗余、纠错及自动备份等功能;支持多种方式对存储的高清图像数据进行快速检索及回放;支持多用户同时访问同一高清图像数据。

存储容量可按下式估算:

$$存储容量估算值/(MB/h) = \frac{单路视频标称码流/(Mbit/s)}{8} \times 3600 \times 存储路数$$

4. 显示设备

显示设备的分辨率应大于或等于系统图像的分辨率;解码设备应支持高清视频图像输出显示;视频切换控制设备应具有高清视频输入/输出接口,以实现高清视频信号的切换和控制。

5. 视频管理应用设备

视频管理应用设备包括安装有视频管理应用配套软件的服务器、用户终端等设备,应满足系统对高清视频图像的实时预览、录像回放、多用户并发访问等管理要求。

(六) 系统传输和供电方式

信号传输方式分为有线传输和无线传输两种方式。应根据系统规模、系统功能、现场环境和管理要求选择合适的传输方式,保证信号传输的稳定、准确、安全和可靠。应优先选用有线传输方式。

数字视频信号的传输按照数字系统的要求选择线缆。根据线缆的敷设方式和途经环境的条件确定线缆的型号和规格。高清视频监控系统采用IP网络有线传输时,传输节点推荐带宽宜小于或等于标称传输带宽的45%;采用无线传输时,其带宽不低于所传输的各类数据要求的带宽。

应根据安全防范诸多因素,并结合安全防范系统所在区域的风险等级和防护级别,合理选择主电源形式及供电模式。摄像机供电宜由监控中心统一供电或由监控中心控制的电源供电。异地的本地供电,摄像机和视频切换控制设备的供电宜为同相电源,或采取措施以保证图像同步。电源供电方式应采用TN-S制式。应有备用电源,并应能自动切换。视频监控系统关键设备的应急供电时间不宜小于1h。

安全防范系统的电能输送主要采用有线方式的供电线缆。按照路由最短、汇聚最简、传输消耗最小、可靠性高、代价最合理、无消防安全隐患等原则对供电的能量传输进行设计，确定合理的电压等级，选择适当类型的线缆，规划合理的路由。

（七）**系统实训模块**

1. 视频监控系统实训模块的组成

视频监控系统实训模块采用的是网络硬盘录像机NVR本地独立工作系统，主要由NVR硬盘录像机、红外阵列半球网络摄像机、红外点阵筒形网络摄像机、智能高速球摄像机、红外筒形网络摄像机和硬盘等组成，如图3-32所示。视频监控系统设备清单见表3-1。

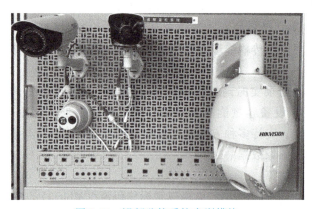

图3-32 视频监控系统实训模块

表3-1 视频监控系统设备清单

序号	名称	品牌	型号
1	NVR硬盘录像机	海康	DS-7TH08N-KHV
2	半球摄像机	海康	DS-2CD23TH13-KHV
3	方筒形枪式摄像机	海康	DS-2CD2TH13WD-KHV
4	高速球摄像机	海康	DS-2DE6TH13IY-KHV
5	圆筒形枪式摄像机	海康	DS-2CD26TH52F-KHV
6	硬盘	希捷	3T

2. 视频监控系统接线图

视频监控系统接线图如图3-33所示。

3. 视频监控系统实训模块接线图

视频监控系统实训模块接线图如图3-34所示。

4. 硬盘录像机的使用

首次使用的设备必须先激活，并设置一个登录密码，才能正常登录和使用。激活步骤如下。

（1）密码设置

设备开机后即弹出"激活"界面，如图3-35所示。创建设备登录密码（统一设置为"admin12345"），如图3-36所示。设置密码解锁图案为"Z"。

项目三 视频监控系统的安装与调试

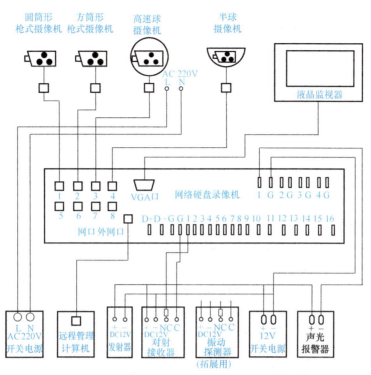

图 3-33 视频监控系统接线图

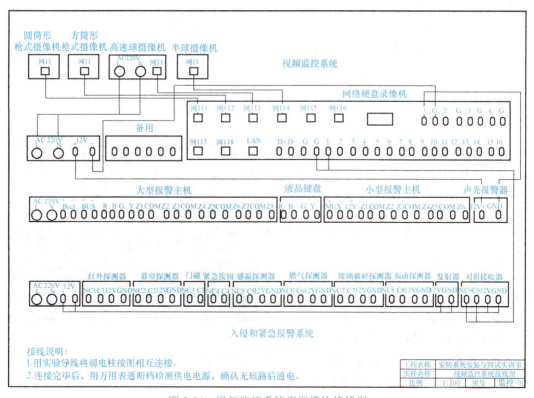

图 3-34 视频监控系统实训模块接线图

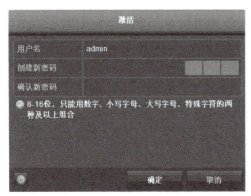
图 3-35 "激活"界面

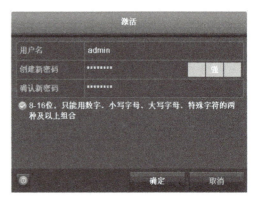
图 3-36 设置登录密码

（2）添加摄像机

选择"主菜单→通道管理→通道配置"，进入"通道管理"的"通道配置"界面，如图 3-37 所示。通过"一键添加"命令将搜索到 POE 摄像机全部激活并添加到 NVR 上，且激活密码默认和 admin 的激活密码一致，IP 自动分配。成功连接后如图 3-38 所示。

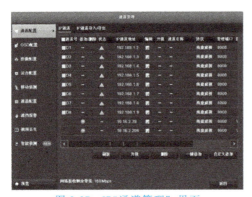
图 3-37 IP"通道管理"界面

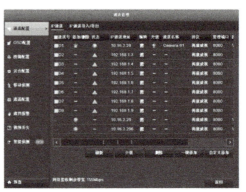
图 3-38 IP 即插即用添加成功界面

（3）云台配置

云台控制面板上可设置预置点、轨迹和巡航，同时预览窗口右键菜单还支持启用窗口云台控制。

1）预置点的设置、调用。

① 选择"主菜单→通道管理→云台配置"，进入"云台配置"页面。

② 设置预置点。使用云台方向键将图像旋转到需要设置预置点的位置。在"预置点"文本框中输入预置点号，如图 3-39 所示。单击"设置"按钮，完成预置点的设置。

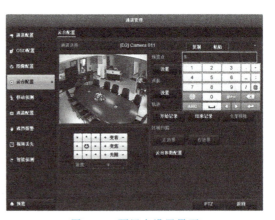
图 3-39 预置点设置界面

③ 调用预置点。在"云台配置"页面中单击"PTZ"按钮，或在预览模式下单击通道便捷菜单"云台控制"。在"常规控制"页面中输入预置点号，单击"调用预置点"按钮，即完成预置点的调用，如图 3-40 所示。

2）巡航的设置、调用。

① 选择"主菜单→通道管理→云台配置",进入"云台配置"界面。

② 设置巡航路径。选择巡航路径,单击"设置"按钮,添加关键点号。设置关键点参数,包括关键点序号、巡航时间、巡航速度等。单击"添加"按钮,保存关键点,如图 3-41 所示。重复以上步骤,可依次添加所需的巡航点。单击"确定"按钮,保存关键点信息并退出界面。

图 3-40　云台控制

图 3-41　关键点参数设置

③ 调用巡航。在"常规控制"页面中选择巡航路径,单击"调用巡航"按钮,即完成巡航调用,如图 3-42 所示。单击"停止巡航"按钮,结束巡航。

3）轨迹的设置、调用。

① 选择"主菜单→通道管理→云台配置",进入"云台配置"界面。

② 设置轨迹。选择轨迹序号。单击"开始记录"按钮,操作鼠标(单击鼠标控制框内 8 个方向按键)使云台转动,此时云台的移动轨迹将被记录,如图 3-43 所示。单击"结束记录"按钮,保存已设置的轨迹。重复以上操作设置更多的轨迹线路。

图 3-42　巡航调用

图 3-43　轨迹设置

③ 调用轨迹。在"常规控制"页面中选择轨迹序号，单击"调用轨迹"按钮，即完成轨迹调用，如图3-44所示。单击"停止轨迹"按钮，结束轨迹。

（4）录像设置

1）手动录像设置。通过设备前面板"录像"键或选择"主菜单→手动操作"，进入"手动录像"页面，如图3-45所示。设置手动录像的开启/关闭。

2）定时录像设置。

① 选择"主菜单→录像配置→计划配置"，进入"录像计划"页面，如图3-46所示。

② 选择要设置定时录像的通道。

图3-44　轨迹调用

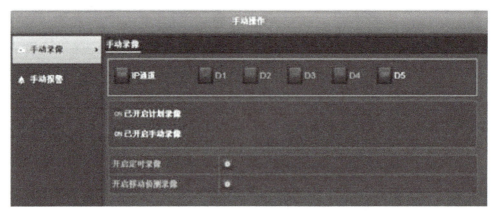

图3-45　手动录像

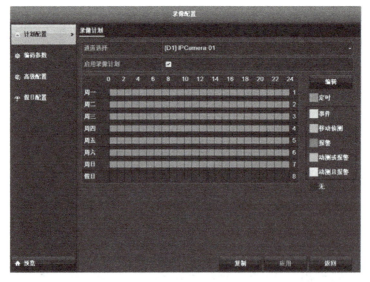

图3-46　定时录像完成界面

③ 设置定时录像时间计划表。选择"启用录像计划"，录像类型选择"定时"，单击

"应用"按钮,保存设置。

(5)移动侦测

移动侦测功能用来侦测某段时间内、某个区域是否有移动的物体,当有移动的物体时,将进行自动录像并报警。客户端软件支持配置移动侦测,当发生移动侦测报警时可联动监控点和客户端触发通知。移动侦测录像设置具体操作步骤如下。

1)选择"主菜单→通道管理→移动侦测",进入"移动侦测"界面,如图3-47所示。

图3-47 "移动侦测"界面

2)选择要进行移动侦测录像的通道。

3)设置移动侦测区域及灵敏度。选择"启动移动侦测"。用鼠标在通道上绘制需要移动侦测的区域,如图3-48所示。拖动"灵敏度"滑条,选择合适的移动侦测灵敏度。

图3-48 移动侦测区域及灵敏度设置

4)单击"处理方式",进入"触发通道"界面,如图3-49所示。

5)将该通道移动侦测发生时触发的录像通道状态设置为 ✓。

6)单击"确定"按钮,完成该通道的移动侦测设置。

7)选择"主菜单→录像配置→计

图3-49 "触发通道"界面

划配置"。进入"计划配置"的"录像计划"界面。

8) 设置移动侦测录像计划。选择"启用录像计划",注意录像类型选择"移动侦测"。

9) 设置结束后,通道录像呈现移动侦测录像计划状态,如图3-50所示。

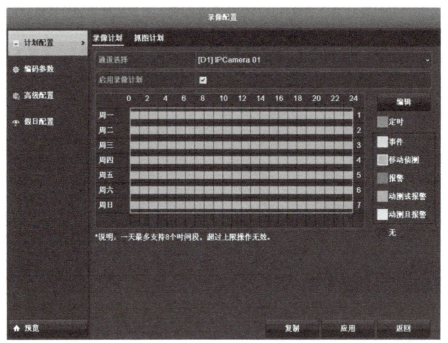

图3-50 移动侦测录像计划完成界面

10) 单击"应用"按钮,保存配置。

(6) 报警联动

1) 报警输入设置。

① 选择"主菜单→系统配置→报警配置",进入"报警配置"界面。

② 选择"报警输入"标签,进入"报警配置"的"报警输入"界面,如图3-51所示。

图3-51 "报警输入"界面

③ 设置报警输入参数。报警输入号：选择设置的通道号；报警类型：选择实际所接器件类型（门磁、红外对射属于常闭型）；处理报警输入：勾选；处理方式：根据实际选择，在选择"PTZ"选项时可以进行智能高速球摄像机联动。

2）报警输出设置。

① 选择"主菜单→系统配置→报警配置"，进入"报警配置"界面。

② 选择"报警输出"标签，进入"报警配置"的"报警输出"界面，如图 3-52 所示。

图 3-52 "报警输出"界面

③ 选择待设置的报警输出号，设置报警名称和延时时间。

④ 单击"处理方式"右面的命令按钮，进入报警输出"布防时间"界面，如图 3-53 所示。

图 3-53 "布防时间"界面

⑤ 对该报警输出进行布防时间段设置。

⑥ 重复以上步骤，设置整个星期的布防计划。

⑦ 单击"确定"按钮，完成报警输出设置。

（7）智能侦测

选择"主菜单→通道管理→智能侦测"，进入"智能侦测"界面，如图 3-54 所示。可以进行越界侦测、区域入侵侦测、进入区域侦测、离开区域侦测、物品遗留侦测、物品拿取侦测、人脸侦测等操作。

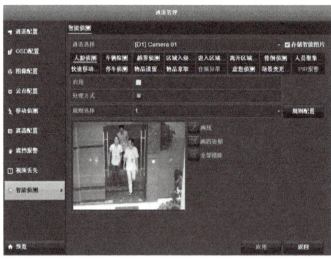

图 3-54 "智能侦测"界面

1）越界侦测。越界侦测功能可侦测视频中是否有物体跨越设置的警戒面，根据判断结果联动报警。具体操作步骤如下。

① 选择"主菜单→通道管理→智能侦测"，进入"智能侦测"界面。

② 选择"越界侦测"，进入"越界侦测"界面，如图 3-55 所示。

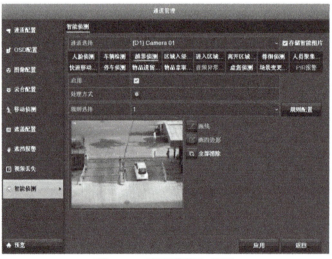

图 3-55 "越界侦测"界面

③ 设置需要越界侦测的通道。

④ 设置越界侦测规则，具体步骤如下：

a）在"规则选择"右侧的下拉列表中选择任一规则。
b）单击"规则配置"按钮，进入越界侦测的"规则配置"界面，如图3-56所示。

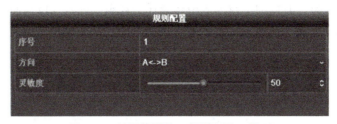

图3-56　越界侦测的"规则配置"界面

c）设置规则的方向和灵敏度。

方向有"A<->B（双向）""A->B""B->A"三种可选，是指物体穿越越界区域触发报警的方向。"A->B"表示物体从A越界到B时将触发报警，"B->A"表示物体从B越界到A时将触发报警，"A<->B"表示双向触发报警。

灵敏度用于设置控制目标物体的大小，灵敏度较高时，较小的物体越容易被判定为目标物体，灵敏度较低时，较大的物体才会被判定为目标物体。灵敏度可设置区间范围为1~100。

d）单击"确定"按钮，完成对越界侦测规则的设置。
⑤ 设置规则的处理方式。
⑥ 绘制规则区域。单击绘制按钮，在需要智能监控的区域绘制规则区域。
⑦ 单击"应用"按钮，完成配置。
⑧ 勾选"启用"按钮，启用越界侦测功能。

2）区域入侵侦测。区域入侵侦测功能可侦测视频中是否有物体进入设置的区域，根据判断结果联动报警。具体操作步骤如下。
① 选择"主菜单→通道管理→智能侦测"，进入"智能侦测"界面。
② 选择"区域入侵侦测"，进入"区域入侵侦测"界面，如图3-57所示。

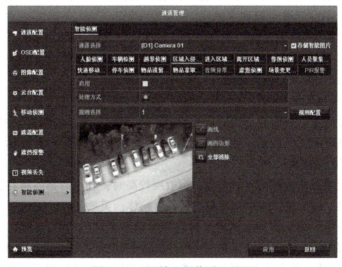

图3-57　"区域入侵侦测"界面

③ 设置需要区域入侵侦测的通道。

④ 设置区域入侵侦测规则，具体步骤如下：

a）在"规则选择"右侧的下拉列表中选择任一规则。区域入侵侦测可设置 4 条规则。

b）单击"规则配置"按钮，进入区域入侵侦测的"规则配置"界面，如图 3-58 所示。

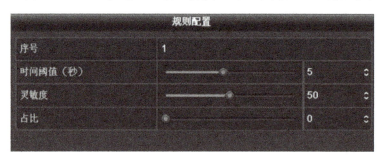

图 3-58 区域入侵侦测的"规则配置"界面

c）设置规则参数。

时间阈值（s）表示目标进入警戒区域持续停留该时间后产生报警。例如，设置为 5s，即目标入侵区域 5s 后触发报警。可设置范围为 1～10s。

灵敏度用于设置控制目标物体的大小，灵敏度较高时，较小的物体越容易被判定为目标物体，灵敏度较低时，较大的物体才会被判定为目标物体。灵敏度可设置区间范围为 1～100。

占比表示目标在整个警戒区域中的比例。当目标占比超过所设置的占比值时，系统将产生报警；反之，将不产生报警。

d）单击"确定"按钮，完成对区域入侵规则的设置。

⑤ 设置规则的处理方式。

⑥ 绘制规则区域。单击绘制按钮，在需要智能监控的区域绘制规则区域。

⑦ 单击"应用"按钮，完成配置。

⑧ 勾选"启用"，启用区域入侵侦测功能。

3）进入区域侦测。进入区域侦测功能可侦测是否有物体进入设置的警戒区域，根据判断结果联动报警。具体操作步骤如下。

① 选择"主菜单→通道管理→智能侦测"，进入"智能侦测"界面。

② 选择"进入区域侦测"，进入"进入区域侦测"界面，如图 3-59 所示。

③ 设置需要进入区域侦测的通道。

④ 设置进入区域侦测规则，具体步骤如下：

a）在"规则选择"右侧的下拉列表中选择任一规则。进入区域侦测可设置 4 条规则。

b）单击"规则配置"按钮，进入"规则配置"界面，如图 3-60 所示。

c）设置规则的灵敏度。

灵敏度用于设置控制目标物体的大小，灵敏度较高时，较小的物体越容易被判定为目标物体，灵敏度较低时，较大的物体才会被判定为目标物体。灵敏度可设置区间范围为 1～100。

d）单击"确定"按钮，完成对进入区域规则的设置。

⑤ 设置规则的处理方式。

⑥ 绘制规则区域。单击绘制按钮，在需要智能监控的区域绘制规则区域。

项目三　视频监控系统的安装与调试

图 3-59　"进入区域侦测"界面

图 3-60　进入区域侦测的"规则配置"界面

⑦ 单击"应用"按钮，完成配置。

⑧ 勾选"启用"，启用进入区域侦测功能。

4）离开区域侦测。离开区域侦测功能可侦测是否有物体离开设置的警戒区域，根据判断结果联动报警。具体操作步骤如下。

① 选择"主菜单→通道管理→智能侦测"，进入"智能侦测"界面。

② 选择"离开区域侦测"，进入"离开区域侦测"界面，如图 3-61 所示。

图 3-61　"离开区域侦测"界面

91

③ 设置需要离开区域侦测的通道。
④ 设置离开区域侦测规则，具体步骤如下：
a）在"规则选择"右侧的下拉列表中选择任一规则。离开区域侦测可设置 4 条规则。
b）单击"规则配置"按钮，进入离开区域侦测的"规则配置"界面，如图 3-62 所示。

图 3-62 离开区域侦测的"规则配置"界面

c）设置规则的灵敏度。
灵敏度用于设置控制目标物体的大小，灵敏度较高时，较小的物体越容易被判定为目标物体，灵敏度较低时，较大的物体才会被判定为目标物体。灵敏度可设置区间范围为 1~100。
d）单击"确定"按钮，完成对离开区域侦测规则的设置。
⑤ 设置规则的处理方式。
⑥ 绘制规则区域。单击绘制按钮，在需要智能监控的区域绘制规则区域。
⑦ 单击"应用"按钮，完成配置。
⑧ 勾选"启用"，启用离开区域侦测功能。
5）物品遗留侦测。物品遗留侦测功能用于检测所设置的特定区域内是否有物品遗留，当发现有物品遗留时，相关人员可快速对遗留的物品进行处理。具体操作步骤如下：
① 选择"主菜单→通道管理→智能侦测"，进入"智能侦测"界面。
② 选择"物品遗留侦测"，进入"物品遗留侦测"界面，如图 3-63 所示。

图 3-63 "物品遗留侦测"界面

③ 设置需要物品遗留侦测的通道。

④ 设置物品遗留侦测规则，具体步骤如下：

a）在"规则选择"右侧的下拉列表中选择任一规则。

b）单击"规则配置"按钮，进入物品遗留侦测的"规则配置"界面，如图 3-64 所示。

c）设置规则的时间阈值和灵敏度。

图 3-64　物品遗留侦测的"规则配置"界面

时间阈值（秒）表示目标在警戒区域持续停留该时间后产生报警。例如，设置为 20s，即目标停留 20s 后触发报警。可设置范围为 5～3600s。

灵敏度用于设置控制目标物体的大小，灵敏度较高时，较小的物体越容易被判定为目标物体，灵敏度较低时，较大的物体才会被判定为目标物体。灵敏度可设置区间范围为 0～100。

d）单击"确定"按钮，完成对物品遗留侦测规则的设置。

⑤ 设置规则的处理方式。

⑥ 绘制规则区域。单击绘制按钮，在需要智能监控的区域绘制规则区域。

⑦ 单击"应用"按钮，完成配置。

⑧ 勾选"启用"，启用物品遗留侦测功能。

6）物品拿取侦测。物品拿取侦测功能用于检测所设置的特定区域内是否有物品被拿取，当发现有物品被拿取时，相关人员可快速采取措施，降低损失。物品拿取侦测常用于博物馆等需要对物品进行监控的场景。具体操作步骤如下：

① 选择"主菜单→通道管理→智能侦测"，进入"智能侦测"页面。

② 选择"物品拿取侦测"，进入"物品拿取侦测"界面，如图 3-65 所示。

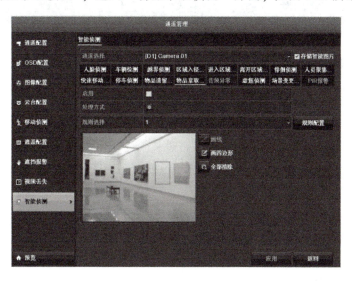

图 3-65　"物品拿取侦测"界面

③ 设置需要物品拿取侦测的通道。

④ 设置物品拿取侦测规则，具体步骤如下：

a）在"规则选择"右侧的下拉列表中选择任一规则。

b）单击"规则配置"按钮，进入物品拿取侦测的"规则配置"界面，如图 3-66 所示。可以根据需要调整时间阈值和灵敏度值。

（八）系统管理软件

1. 登录客户端

双击客户端软件 iVMS-4200 快捷方式，启动客户端软件。

1）首次运行软件时，需要创建一个超级用户。

2）超级用户的用户名为"admin"，密码统一设置为"admin12345"。

3）若软件已注册过用户，启动软件后，进入"登录"界面，如图 3-67 所示。

图 3-66　物品拿取侦测的"规则配置"界面

图 3-67　客户端"登录"界面

2. 设备管理

客户端软件可以对不同类型的设备和分组进行管理。在"控制面板"中单击"设备管理"或选择功能菜单"工具→设备管理"，进入"设备管理"界面，如图 3-68 所示。

图 3-68　"设备管理"界面

添加在线设备的操作步骤如下。

1) 在"设备管理"界面选择"设备"标签。
2) 在"在线设备"列表中选中系统自动搜索到的待添加设备,单击添加至客户端。
3) 设置相关参数。别名:输入设备自定义名称。地址:设备 IP 地址,可自动获取。

3. 分组管理

为了便于管理,已添加的设备默认以设备名称进行分组,也可以添加或修改分组、调整分组资源、导入分组等。通过分组,用户可以执行分组预览、回放或其他相关操作。在"设备管理"界面,选择"分组"标签,进入"分组"页面,如图 3-69 所示。

软件提供自定义添加分组和以设备生成分组两种功能。

1) 新建分组时添加分组。在"分组"页面左侧"资源"区域单击添加分组图标或右击弹出快捷菜单,选择"新建"命令。在"添加分组"对话框中输入分组名,如图 3-70 所示。可以勾选"以设备生成分组"。

图 3-69 "分组"页面

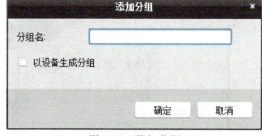

图 3-70 添加分组

2) 导入资源到分组。在"分组"页面右侧通道资源列表区域单击"导入"图标。如图 3-71 所示,根据需要导入的资源类型选择不同的标签,如编码通道、报警输入、报警输出等。"选择设备"默认为"全部"。在右侧"分组"区域选择一个分组。可以单击"添加"图标新建一个分组。单击"导入选择"按钮,将所选择的编码通道导入到新的分组中。

图 3-71 导入资源到分组

4. 预览

用户可以在主预览界面上查看添加的网络摄像机的实时预览画面。预览界面支持一些基本操作，包括抓图、手动录像、PTZ 控制等。

实时预览方式主要包括单监控点预览、分组预览、默认视图预览和自定义视图预览。

1）单监控点预览：预览某个分组下的单个监控点。在"主预览"界面中，选择预览窗口画面分割方式，在监控点列表中选择并拖动监控点至右侧预览窗口，或选择窗口后双击监控点。

2）分组预览：按分组进行预览，即同时预览某分组下的所有监控点。在"主预览"界面中的监控点列表中选择并拖动分组至右侧预览窗口，或双击分组名开启预览。预览窗口可根据分组下的监控点数量进行自适应。

3）默认视图预览：在默认视图模式下开启实时预览，即以默认 1-画面、4-画面、9-画面和 16-画面分割方式预览，如图 3-72 所示。

图 3-72　实时预览画面

5. 云台控制

云台控制面板上可设置预置点、轨迹和巡航，同时预览窗口右键菜单还支持启用窗口云台控制。在控制面板中选择"主预览"，回到主预览界面。单击展开云台控制面板，如图 3-73 所示。

（1）设置预置点

预置点表示一个预定义的图像位置，包含了平移、倾斜、焦点等参数信息。当需要快速监控某个目标时，可通过控制设备的调用命令调出预先设置好的监控点。操作步骤如下：

1）进入主预览界面，单击 展开云台控制面板。

2）单击"预置点"标签。单击云台控制面板上的方向按钮和功能按钮，转动云台至目标监控点。

3）从预置点列表中选择预置点编号，单击 自定义预置点名称。单击"确定"按钮。

调用预置点：双击预置点，或选择预置点并单击 ，可调用已配置的预置点。

（2）设置轨迹

轨迹可以记录云台运动的路径及在某位置上停留的时间。通过调用轨迹，云台可以完全按照记录的路径移动。操作步骤如下：

1）进入主预览界面。

2）单击 ![icon] →"轨迹"→ ![icon] ，开始录制轨迹。使用方向按钮控制云台运动。

3）单击 ![icon] ，停止录制轨迹。

调用轨迹：单击 ![icon] 调用轨迹，单击 ![icon] 停止调用轨迹。

（3）设置巡航

巡航是指云台在固定几个巡航点之间来回运动的状态，可设置两个巡航点之间的扫描速度和停留时间。云台需要添加至少两个巡航点。操作步骤如下：

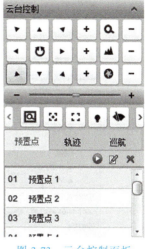

图 3-73　云台控制面板

1）进入主预览界面，单击 ![icon] 展开云台控制面板。

2）单击"巡航"标签。通过下拉菜单选择路径编号。

3）添加巡航点。弹出添加巡航点窗口，通过下拉菜单选择预置点，并设置巡航时间和巡航速度。单击"确定"按钮。

调用巡航：单击 ![icon] 调用巡航路径，单击 ![icon] 停止调用巡航路径。

6．手动录像

手动记录主预览界面上的实时画面，同时录像文件可根据设置路径存储在本地 PC 中。在主预览窗口工具栏中单击 ![icon] ，或在窗口右键菜单中选择"开始录像"命令。单击 ![icon] ，停止手动录像。录像文件的保存路径可以在"系统配置→文件"界面上设置。

在计算机上可以搜索并查看存储在本地的录像，如图 3-74 所示。操作步骤如下：

1）在菜单栏中选择"文件→打开视频文件"。

2）在监控点列表中选择监控点。

3）设置搜索起止时间。

4）单击"搜索"按钮。

7．手动抓图

利用手动抓图可截取视频画面中的有用信息。客户端支持搜索查看抓图文件、自定义命名抓图文件、打印抓图文件和邮件发送抓图文件给指定用户等操作。在主预览窗口工具栏中单击 ![icon] ，或在预览窗口右键菜单中选择"抓图"命令。抓图文件的保存路径可通过"系统配置→文件"设置。

在计算机上可以搜索并查看存储在本地的抓拍图片，操作步骤如下：

1）选择"文件→打开抓图文件"。

2）在监控点列表中选择监控点。

3）设置搜索起止时间。

4）单击"搜索"按钮。本地抓图列表中将显示符合搜索条件的文件。

图 3-74　搜索并查看存储在本地的录像

5）可对搜索到的视频文件进行打印、删除、发送邮件和另存为操作。

8. 远程回放

可通过软件从存储设备或硬盘录像机上查找回放录像文件。查找回放方式有两种：一种是通过控制面板在远程回放界面中查找回放，另一种为主预览中的即时回放。

软件同时支持智能回放和事件回放功能。智能回放可以对硬盘录像机中已经存在的录像文件进行越界或者区域入侵的智能分析，找出符合规则的录像文件；事件回放可以根据存储在硬盘录像机中的"事件标签"搜索到相应的录像文件。回放工具栏如图 3-75 所示。

图 3-75　回放工具栏

在录像回放界面中，选择一个监控点查看录像回放。单击下载图标，进入"文件下载"界面。选择"按文件下载"标签，在文件列表中勾选需要下载的文件。可同步下载播放器。

9. 事件和报警管理

若设备已配置事件侦测，当监控某一配置事件发生时，可记录事件发生的过程且同时触发报警；可根据不同监控场景配置不同事件，如移动侦测适用于无人值守监控录像和自动报警。通过事件联动报警这一过程实现报警的监测和管理，从而保证有序、安全的监控环境。

（1）配置移动侦测

操作步骤如下：

1）在控制面板中选择"事件管理→监控点事件"。在界面左侧监控点列表中选择需要配置的监控点。

2)"选择事件类型"为"移动侦测"。勾选"启用",启用移动侦测。也可同时勾选"启用移动侦测动态分析"。

3)设置布防时间,选择联动监控点,设置监控点布防区域和灵敏度。

4)按需勾选"联动报警输出""联动通道录像"和"联动客户端动作",如图 3-76 所示。

启用移动侦测动态分析后,在实时预览或远程回放中检测到移动的人或物体,即通过绿色矩形框标记出来。

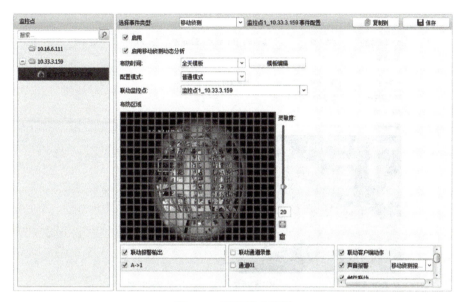

图 3-76　配置移动侦测

(2)配置视频丢失

当视频信号丢失而看不到监控画面时,配置丢失联动报警即可快速排查丢失原因从而进行恢复。操作步骤如下:

1)在控制面板中选择"事件管理→监控点事件"。在界面左侧监控点列表中选择需要配置的监控点。

2)"选择事件类型"为"视频丢失"。勾选"启用"。

3)设置布防时间,选择联动监控点,按需勾选"联动报警输出"和"联动客户端动作"。

(3)配置异常报警

当设备出现异常状态,如硬盘满、硬盘异常、非法访问、设备掉线时,联动客户端触发通知。操作步骤如下:

1)在控制面板中选择"事件管理→监控点事件"。在界面左侧监控点列表中选择需要配置的监控点。

2)通过下拉列表选择异常类型,如硬盘满。勾选"启用"。

3)按需勾选"联动报警输出","联动通道录像"和"联动客户端动作"。

（4）配置越界侦测

越界侦测可侦测视频中是否有物体跨越设置的警戒线，根据判断结果联动报警。操作步骤如下：

1）在控制面板中选择"事件管理→监控点事件"。在界面左侧监控点列表中选择需要配置的监控点。

2）"选择事件类型"为"越界侦测"。勾选"启用"。

3）设置布防时间，选择联动监控点，设置布防区域（警戒线ID、警戒线方向）。

4）按需勾选"联动报警输出"、"联动通道录像"和"联动客户端动作"，如图3-77所示。

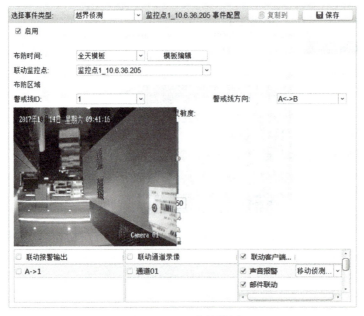

图3-77　配置越界侦测

（5）配置报警输入

当设备的报警输入端口接收来自外部报警器的信号，如烟雾探测器、门铃等，报警输入联动动作触发通知。操作步骤如下：

1）在控制面板中选择"事件管理→报警输入事件"。在界面左侧监控点列表中选择需要配置的监控点。

2）勾选"启用"设置报警名称，选择报警器状态，如常开。设置布防时间。

3）选择联动监控点。按需勾选"联动报警输出""联动通道录像"和"联动客户端动作"。

（6）查看报警和事件信息

当警报发生时，客户端显示最近收到的所有已添加设备的报警和事件信息。

1）查看报警信息。客户端可查看移动侦测、音视频异常、报警输入、设备异常、智能报警和其他报警等报警信息。操作步骤如下：

① 在控制面板中选择"报警事件"。在界面左下角选择"报警"。

② 选择报警信息，单击 ![icon]，预览监控点触发报警的实时视图，如图3-78所示。

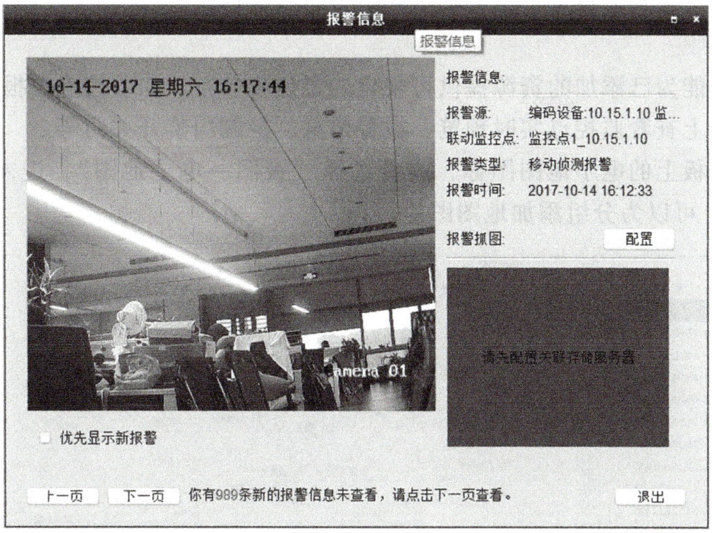

图3-78 报警信息

2）查看事件信息。事件信息界面可以显示客户端软件的异常事件，如连接设备失败、远程回放失败、取流失败等。操作步骤如下：

① 在控制面板中选择"报警事件"。在界面左下角选择"事件"标签，可以看到触发事件提示，客户端显示事件信息，包括时间和详细描述。

② 单击 ![icon] 或右击清空，可清空事件信息。

3）查看报警弹图像。客户端启用事件报警并开启报警自动弹出图像，当触发相应的事件或报警时，将自动弹出报警图像，并可查看相关报警信息和报警抓图。触发报警后，会自动弹出报警窗口，默认勾选"优先显示新报警"，如图3-79所示。

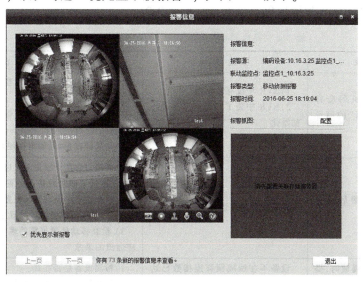

图3-79 报警弹图界面

窗口左侧为触发报警前 30s 至报警结束时的录像回放，右侧为触发报警时的抓图，此外还会显示报警源、联动监控点、报警类型和报警时间等信息。

10. 电子地图

电子地图功能为已添加的资源提供可视化的定位和分布，如监控点、报警输入设备、门禁。支持在地图上查看监控点实时预览、报警信息、控制门禁开关门等。

单击控制面板上的电子地图图标，或者选择"视图→电子地图"，进入电子地图界面，如图 3-80 所示。可以为分组添加地图图片。

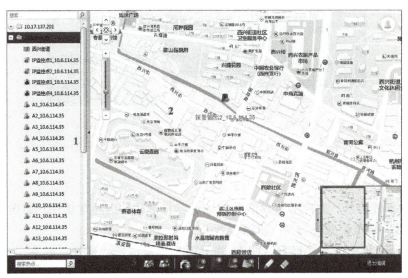

图 3-80　电子地图界面

通过给地图添加监控点热点，用户可以在电子地图上标注监控点所在的地理位置并实时播放监控点的图像。

（九）常见故障及排除方法

视频监控系统常见故障现象及排除方法见表 3-2。

表 3-2　视频监控系统的常见故障现象及排除方法

故障现象	可能原因	排除方法
新买的机器开机后会有"嘀—嘀—嘀—嘀嘀"的声音警告	1) NVR 中没有装硬盘 2) NVR 中装了硬盘但没有进行初始化 3) 硬盘损坏	1) 如果不需要装硬盘，请到异常配置菜单中更改"硬盘错误"的声音警告 2) 如果已经安装了硬盘，请到硬盘管理菜单中把相应的硬盘初始化 3) 如果硬盘损坏，请更换硬盘
设置了移动侦测后没有录像	设备相关参数设置不正确	检查相关参数设置是否正确，具体步骤如下： 1) 检查录像时间是否设置正确，包括单天的时间设置和整个星期的时间设置 2) 检查移动侦测区域设置是否正确 3) 检查移动侦测报警处理中有没有选择触发相应通道的录像
通过客户端预览播放时，提示播放失败	设备不在线或预览连接数已达上限	1) 检测设备是否在线 2) 检测最大预览连接数是否达到上限

(续)

故障现象	可能原因	排除方法
实时预览没有图像	检测监控点不在线	1)检查设备管理中添加设备时所填写的用户名和密码是否被修改 2)检查设备是否在线,能否 PING 通 3)检查设备管理中添加设备时所填写的地址、端口号是否被修改
设备没有录像,回放搜索不到文件	设备录像计划配置不成功、不完整,设备硬盘状态不正常	以分组为单位,分别配置各个监控点的三种录像模式(定时录像、移动侦测、报警录像)
客户端运行一段时间后崩溃	客户端内存泄漏	尝试修改配置文件中的 EnableNetandJoystickCheck 值为 false
通过客户端预览时提示错误码"91"	客户端预览界面以 9 画面标准分割为基准,画面大于此基准,预览时主码流,反之则取子码流	请尝试关闭"自动改变码流类型",并且自己选择码流类型进行预览
通过客户端预览出现花屏或卡顿	计算机的显卡驱动或内存不足	1)请检查计算机的显卡驱动,建议更新到最新的显卡驱动版本 2)增加内存
智能高速球摄像机不能进行变倍及云台控制 智能高速球摄像机上电后无法启动,或者反复重启	供电电压不合适	1)检查智能高速球摄像机的供电电压,确保供电电压满足智能高速球摄像机的供电要求 2)建议采用就近供电

三、标准规范

(一) 工程施工要求

安全防范工程施工单位应根据深化设计文件编制施工组织方案,落实项目组成员,并进行技术交底。进场施工前应对施工现场进行相关检查。

线缆敷设前,应进行导通测试。线缆应自然平直布放,不应交叉缠绕打圈。线缆接续点和终端应进行统一编号、设置永久标识,线缆两端、检修孔等位置应设置标签。

线缆穿管管口应加护圈,防止穿管时损伤导线。导线在管内或线槽内不应有接头或扭结。导线接头应在接线盒内焊接或用端子连接。

设备安装前,应对设备进行规格型号检查、通电测试。设备安装应平稳、牢固、便于操作维护,避免人身伤害,并与周边环境相协调。

视频监控设备安装应符合下列规定:

1)摄像机、拾音器的安装具体地点、安装高度应满足监视目标视场范围要求,注意防破坏。

2)在强电磁干扰环境下,摄像机安装应与地绝缘隔离。

3)电梯厢内摄像机的安装位置及方向应能满足对乘员有效监视的要求。

4)信号线和电源线应分别引入,外露部分应用软管保护,并不影响云台转动。

5)摄像机辅助光源等的安装不应影响行人、车辆正常通行。

6)云台转动角度范围应满足监视范围的要求。

7）云台应运转灵活、运行平稳。云台转动时监视画面应无明显抖动。

另外，监控中心控制、显示等设备屏幕应避免阳光直射，当不可避免时，应采取避光措施。在控制台、机柜（架）、电视墙内安装的设备应有通风散热措施，内部插接件与设备连接应牢靠。设备金属外壳、机架、机柜、配线架、金属线槽和结构等应进行等电位联结并接地。

（二）系统调试要求

系统调试前，应根据设计文件、设计任务书、施工计划编制系统调试方案。系统调试过程中，应及时、真实填写调试记录。系统调试完毕后，应编写调试报告。系统的主要性能、性能指标应满足设计要求。

系统调试前，应检查工程的施工质量，查验已安装设备的规格、型号、数量、备品备件等。系统在通电前应检查供电设备的电压、极性、相位等。应对各种有源设备逐个进行通电检查，工作正常后方可进行系统调试。

视频监控系统调试应至少包含下列内容：

1）摄像机的监控覆盖范围、焦距、聚焦及设备参数等。

2）摄像机的角度或云台、镜头遥控等，排除遥控延迟和机械冲击等不良现象。

3）拾音器的探测范围及覆盖效果。

4）监视、录像、打印、传输、信号分配/分发、控制管理等功能。

5）视音频的切换/控制/调度、显示/展示、存储/回放/检索、字符叠加、时钟同步、智能分析、预案策略、系统管理等。

6）当系统具有报警联动功能时，应检查与调试自动开启摄像机电源、自动切换音视频到指定监视器、自动实时录像等；系统应叠加摄像时间、摄像机位置（含电梯楼层显示）的标识符，并显示稳定；当系统需要灯光联动时，应检查灯光打开后图像质量是否达到设计要求。

7）监视图像与回放图像的质量满足有效识别目标的要求。在正常工作照明环境条件下，图像质量不应低于现行国家标准（GB 50198—2011）《民用闭路监视电视系统工程技术规范》五级损伤制评分（表3-3）所规定的4分要求。

表3-3 五级损伤制评分

图像质量损伤的主观评价	评分分级
图像上不觉察有损伤或干扰存在	5
图像上稍有可觉察的损伤或干扰,但并不令人讨厌	4
图像上有明显的损伤或干扰,令人感到讨厌	3
图像上损伤或干扰较严重,令人相当讨厌	2
图像上损伤或干扰极为严重,不能观看	1

8）视音频信号的存储策略和计划、存储时间满足设计文件和国家相关规范要求。

9）视频监控系统的其他功能。

（三）工程质量验收

视频监控系统工程质量验收记录表见表3-4。

表 3-4 视频监控系统工程质量验收记录表

单位(子单位)工程名称				子分部工程		
分项工程名称			视频监控系统	检测部位		
施工单位				项目经理		
施工执行标准名称及编号						
分包单位				分包项目经理		
检测项目(主控项目)				检查评定记录		备注
1	设备功能	云台转动				
		镜头调节				
		图像切换				
		防护罩效果				
2	图像质量	图像清晰度				
		抗干扰能力				
3	系统功能	监控范围				设备抽检数量比例不低于20%且不少于3台。合格率为100%时为合格;系统功能和联动功能全部检测,符合设计要求时为合格,合格率为100%时系统检测为合格
		设备接入率				
		完好率				
		矩阵主机	切换控制			
			编程			
			巡检			
			记录			
		数字视频	主机死机			
			显示速度			
			联网通信			
			存储速度			
			检索			
			回放			
4	联动功能					
5	图像记录保存时间					

检测意见:

监理工程师签字:　　　　　　检测机构负责人签字:
(建设单位项目专业技术负责人)
日期:　　　　　　　　　　　日期:

(四) 技术标准规范

1)《智能建筑设计标准》(GB 50314—2015)。

2)《智能建筑工程质量验收规范》(GB 50339—2013)。

3)《安全防范工程技术标准》(GB 50348—2018)。

4)《建筑电气工程施工质量验收规范》(GB 50303—2015)。

5)《视频安防监控系统工程设计规范》(GB 50395—2007)。
6)《安全防范高清视频监控系统技术要求》(GA/T 1211—2014)。
7)《视频安防监控系统技术要求》(GA/T 367—2001)。

(五) 系统发展趋势

高清视频监控系统经过近几年的快速发展,已解决"看得见、看得清"的问题,正在进入"看得懂、不用看"阶段。要解决此问题,仅仅靠视频手段是很难解决的,需要借助物联网技术解决传统人防带来的弊端,提升识别结果和监控效率,实现区域入侵检测报警、现场视频监控及录像取证,使安防产品更加智能化。随着越来越多的物联网设备相互连接,其产生了大量的数据,视频分析将加速大量结构化数据的转化,以生成可操作以及具有价值的视频数据。

以视频监控公司海康威视和大华、宇视等为代表的一大批国内监控领域的科技公司以独立自主、自力更生的意志,突破封锁、自主创新,从习惯性的追随转向开拓性的引领,实现更多的"从 0 到 1",朝着建设世界科技强国目标不断迈进。

工作任务

一、任务导入

西岭小区共计公寓楼两栋,楼高 7 层。每栋公寓楼有 1 个出入口,1 部电梯,每梯两户,共计 28 户。小区只有 1 个主出入口,人车分离,设保安室 1 间。小区道路合计 5 条。小区计划进行高清视频监控系统升级改造,请进行方案设计。具体任务如下:
1)根据小区建筑结构确定需要防护的地点和范围,绘制视频监控系统图。
2)用表格形式列出所需要的设备材料清单(名称、型号、规格、数量等内容)。
3)在实训模块上进行视频监控系统的设备、元器件的安装与接线。
4)在实训模块上进行视频监控系统硬件和软件的调试。

二、任务分析

首先,根据任务要求确定需要防护的地点和范围,明确所需的摄像机的种类和数量,明确硬盘录像机的种类和数量,绘制视频监控系统图,填写设备配置清单和工作计划。再参照实训设备选择设备型号和管理系统软件。最后进行设备安装、调试与维护。

三、任务决策

分组讨论制订西岭小区视频监控系统设计方案,确定西岭小区视频监控防护地点和范围(表3-5),绘制视频监控系统图(图 3-81),填写设备选型及配置表(表 3-6)。

(一) 确定防护地点和范围

表 3-5 防护地点表

序号	地点	拟采用摄像机	数量	说明
1	主出入口区域			
2	行人通道			
3	车辆通道			

(续)

序号	地点	拟采用摄像机	数量	说明
4	小区道路			
5	楼栋入口通道			
6	电梯			
7	保安室			
8	硬盘录像机			

（二）绘制系统图

图 3-81　视频监控系统图

（三）设备选型及配置

表 3-6　设备选型及配置

序号	名　称	型　号	规格	数量
1	NVR 硬盘录像机			
2	半球摄像机			
3	方筒形枪式摄像机			
4	高速球摄像机			
5	圆筒形枪式摄像机			

计划制订

一、工作计划

学习施工流程图，分组讨论并制订工作计划，填写工作计划表（表 3-7）。

表 3-7　视频监控系统工作计划表

流水号	工作阶段	工作要点备注	资料清单	工作成果
1	设备准备			
2	设备安装			

(续)

流水号	工作阶段	工作要点备注	资料清单	工作成果
3	弱电布线			
4	布线验收			
5	系统调试			
6	系统验收			

二、材料清单

根据制订的西岭小区视频监控设计方案列举任务实施中需要用到的材料，填写材料清单表，见表3-8。

表3-8 材料清单表

序号	设备名称	型号	数量	功能
1				
2				
3				
4				
5				
6				
7				

任务实施

一、器件安装

在网孔板上模拟安装四台摄像机，安装位置如图3-32所示。实训模块安装完成后进行小组互查，填写元器件安装检查表，见表3-9。

表3-9 元器件安装检查表

序号	名称	负责人	安装位置检查	安装可靠性检查
1	NVR硬盘录像机			
2	半球摄像机			
3	方筒形枪式摄像机			
4	高速球摄像机			
5	圆筒形枪式摄像机			

二、工艺布线

制作网线，在实训设备上模拟进行设备、元器件接线，接线示意图如图3-33所示。实训模块接线完成后进行小组互查，填写工艺布线检查表，见表3-10。

将圆筒形枪式摄像机的网络接入网络硬盘录像机的网口 1，方筒形枪式摄像机的网络接入网络硬盘录像机的网口 2，高速球摄像机的网络接入网络硬盘录像机的网口 3，半球摄像机网络接入网络硬盘录像机的网口 4。

智能高速球摄像机采用 AC 24V 供电，其电源适配器输入为 AC 220V，接入电源组 AC 220V 输出。其余摄像机由硬盘录像机 POE 供电，不用单独接电源线。

红外对射探测器电源输入连接到电源组 DC 12V 输出；且其接收器的公共端 COM（C9）连接到硬盘录像机报警输入接口的 Ground（G），常闭端（NC9）连接到硬盘录像机报警输入接口 1。

声光报警器接入电源组 DC 12V 输出和硬盘录像机报警输出口 1。

表 3-10 工艺布线检查表

序号	名　　称	负责人	布线工艺检查
1	NVR 硬盘录像机		
2	半球摄像机		
3	方筒形枪式摄像机		
4	高速球摄像机		
5	圆筒形枪式摄像机		
6	输入电源		
7	声光报警器		

三、系统调试

根据调试项目完成视频监控系统的设置和调试，填写系统调试检查表，见表 3-11。

表 3-11 系统调试检查表

序号	调试项目名称	负责人	检查确认	备注
1	设置画面显示信息			
2	云台配置和控制			
3	定时录像设置			
4	移动侦测设置			
5	智能侦测设置			
6	红外对射报警联动			
7	手动录像和抓图			
8	远程回放			

四、故障分析

针对视频监控系统在调试过程中发现的故障，分组进行分析和排除，填写故障检查表，见表 3-12。

表 3-12 故障检查表

序号	故障内容	负责人	故障解决方法
1			
2			
3			
4			
5			

五、工作记录

回顾视频监控系统安装与调试项目的工作过程，填写工作记录表，见表 3-13。

表 3-13 工作记录表

项目名称	视频监控系统的安装与调试

日期：_____年_____月_____日　　　　　记录人：_____

工作内容：

资料/媒体：

工作成果：

问题解决：

需要进一步处理的内容：

小组意见：

日期：　　　　　　　　　　　　　学生签字：

日期：　　　　　　　　　　　　　教师签字：

项目三　视频监控系统的安装与调试

 任务验收

根据表 3-14 所列调试项目进行视频监控系统安装与调试的验收，完成三方评价。

表 3-14　视频监控系统安装与调试验收记录表

			评定记录			
		项　目	自评	组评	师评	总评
1	安装质量	半球摄像机				
		方筒形枪式摄像机				
		高速球摄像机				
		圆筒形枪式摄像机				
2	设备接线	摄像机接线				
		红外对射探测器接线				
		声光报警器接线				
3	硬盘录像机调试	设置画面显示信息				
		云台配置和控制				
		定时录像设置				
4	客户端软件调试	移动侦测				
		视频丢失报警				
		越界侦测				
		红外对射报警联动				
		手动录像、抓图、远程回放				
		事件和报警记录				
5		职业素养				
6		安全文明				

小组意见：

组长签字：　　　　　教师签字：

日期：　　　　　　　日期：

 工作评价

根据视频监控系统项目完成情况，由小组和教师填写工作评价表，见表 3-15。

表 3-15　视频监控系统安装与调试工作评价表

学习小组		日期	
团队成员			
评价人	☐ 教师　　☐ 学生		

1. 获取信息

评价项目	记录	得分	权重	综合
专业能力			0.45	
个人能力			0.1	
社会能力			0.1	
方法和学习能力			0.35	
得分(获取信息)			1	

2. 决策和计划

评价项目	记录	得分	权重	综合
专业能力			0.45	
个人能力			0.1	
社会能力			0.1	
方法和学习能力			0.35	
得分(决策和计划)			1	

3. 实施和检查

评价项目	记录	得分	权重	综合
专业能力			0.45	
个人能力			0.1	
社会能力			0.1	
方法和学习能力			0.35	
得分(实施和检查)			1	

4. 评价和反思

评价项目	记录	得分	权重	综合
专业能力			0.45	
个人能力			0.1	
社会能力			0.1	
方法和学习能力			0.35	
得分(评价和反思)			1	

课后作业

1. 简述视频监控系统各主要组成部分的功能。
2. 视频监控设备安装应符合哪些规定？
3. 某小区安装了 90 个高清摄像头，单路视频标称码流为 8Mbit/s，要求视频资料保存

60天,请估算需要的存储容量。

4. 请简述视频监控系统前端采集设备选型原则。

5. 请列举不同场景下摄像机的选择建议。

6. 视频监控系统云台控制一般有哪些内容?

7. 什么是移动侦测?请简述其操作步骤。

8. 智能侦测包含哪几种侦测项目?

9. 请说明越界侦测的规则配置内容。

10. 请叙述智能回放和事件回放的功能。

11. 请简述电子地图的功能和添加方式。

12. 请简述视频监控系统的常见故障现象和排除方法。

13. 请简述视频监控系统的发展趋势。

14. 视频监控系统调试应至少包含哪些内容?

15. 当某监控区域不允许有人出现或者通过时,应通过哪些设置方法触发报警联动?

16. 对于视频监控系统任务分析、决策、计划、实施、检查和评价过程中发现的问题进行归纳,列举改进和优化措施。

项目四 楼寓对讲系统的安装与调试

  学习目标

1. 了解楼寓对讲系统的功能概述、应用场合、系统组成和主要设备功能等内容。
2. 能够根据客户需求进行方案设计，绘制系统图。
3. 能够进行楼寓对讲系统的设备选型及配置建议。
4. 能够进行楼寓对讲系统的设备安装、接线和调试。
5. 能够进行楼寓对讲系统管理软件的参数设置和调试。
6. 了解楼寓对讲系统的项目功能检查与规范验收。
7. 养成自觉遵守和运用标准规范、认真负责、精益求精的工匠精神。
8. 养成职业规范意识和团队意识，提升职业素养。

  知识准备

一、应用现场

楼寓对讲系统是采用（可视）对讲方式确认访客，对建筑物（群）出入口进行访客控制与管理的电子系统，又称为访客对讲系统。楼寓对讲系统把楼宇的入口、住户及小区物业管理部门三方面的通信包含在同一网络中，成为防止住宅遭受非法入侵的重要防线，有效地保护了住户的人身和财产安全。图 4-1 所示为小区楼寓对讲系统应用现场。

楼寓对讲系统根据是否具有视频显示功能，分为非可视系统和可视系统；根据系统规模的不同，分为单地址系统、多地址系统和组合系统；根据系统通信方式的不同，分为模拟楼寓对讲系统、全数字楼寓对讲系统和混合楼寓对讲系统。本项目以总线联网型可视对讲系统为例进行学习。

楼寓对讲系统（图 4-2）通过联网实现用户与门口来访者的通话和开锁功能，实现用户与管理中心之间的通话功能。每栋楼安装单元门口机，当来访者按下住户相应的房间号时，被访住户即可从室内分机的监视器上看到来访者的面貌，同时还可按"对讲"键与来访者通话，若按下开锁按钮，即可打开单元入口的电锁。住宅小区物业设有管理中心，能呼叫任何大楼门口机及任何分机，并与之通话。同时任何门口机和分机均可报警至小区管理机，小区管理机可显示报警分机的楼栋数及房间号，使住户与访客的直接沟通变成住户、管理中心与访客的三方沟通。

楼寓对讲系统适用于居民小区、银行、医院、监狱、学校、公寓、办公室、电梯等。

项目四　楼寓对讲系统的安装与调试

图 4-1　小区楼寓对讲系统应用现场

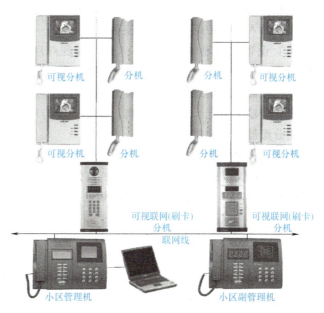

图 4-2　楼寓对讲系统

二、知识导入

（一）系统组成

楼寓对讲系统主要由用户接收机、访客呼叫机、管理机、辅助设备和传输网络组成，如图 4-3 所示。

用户接收机（用户分机）设置在建筑户内，可接听访客呼叫机和管理机呼叫，实现访

115

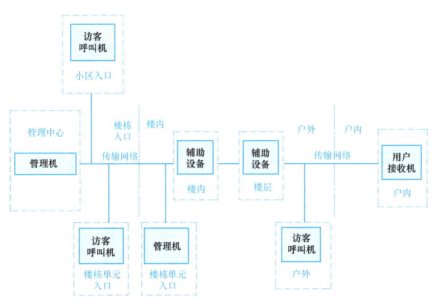

图 4-3 楼寓对讲系统组成

客识别以及控制开锁等功能，有些还具有防盗、防火、防燃气泄漏等功能。

访客呼叫机（门口主机）设置在建筑物（群）入口，实现选呼用户接收机、管理机功能，并提供开锁信号，实现出入口电控门体的开锁控制。

管理机（管理中心机）设置在管理中心或楼栋入口，实现对用户接收机、访客呼叫机以及辅助设备的统一管理、远程控制、设备状态检测等功能，用于监控小区的出入口，管理小区内各种联动报警设备，存储各类信息供管理人员查阅。

辅助设备能对信号进行传输、分配、放大、隔离，或配合安防户机进行警情探测等。辅助设备包括联网器、层间分配器、交换机等。

传输网络是系统音视频、报警和控制等信息的传输通道。

在图 4-3 所示的系统中，系统组成设备可以根据系统规模和实际需求进行增减；系统至少应包含一台访客呼叫机和一台用户接收机；管理机和辅助设备为可选设备，可根据系统需求加以选配。

（二）主要设备

1. 管理中心机

管理中心机（图 4-4）实时监控楼寓对讲系统网络数据信息，接收门口机和小区门口机广播的打卡信息，接收单元门口机、室内分机的报警信息，给出文字和声音的提示；与单元门口机、室内分机或其他管理中心机进行访客对讲信令交互，实现与单元门口机的访客对讲，与室内分机的对讲，或者监视、监听单元门口。此外，管理中心机还可以连接计算机，能够将报警和打卡信息实时送往上位机，实现更加智

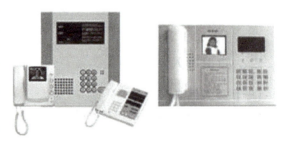

图 4-4 管理中心机

能化的巡更、报警管理。

2. 门口机

门口机（图4-5）通过总线将呼叫命令发送至室内分机，室内分机摘机后便可与门口机进行对话，通话过程中室内分机可以打开单元门锁。门口机通过联网器与单元外CAN总线相连，呼叫管理中心机时，接到管理中心机的应答后，即可与管理中心机进行通话，并可执行管理中心机的开锁命令。

IC卡门口机内嵌读卡控制器，可实现刷卡开门和刷卡巡更功能。

图4-5 门口机

3. 室内分机

室内分机分为可视室内分机和非可视室内分机。

可视室内分机（图4-6，以下简称室内分机）是安装于住户室内的对讲设备。住户可通过室内分机接听小区门口机（联网时）、门口机、门前铃的呼叫，并为来访者打开单元门的电锁或住户门的电锁，还可看到来访者的图像，与其进行可视通话。室内分机还可实现户户对讲，同户内室内分机可进行对讲，支持小区信息发布（与相应的联网设备配套使用），有些还具有防盗、防火、防燃气泄漏等功能。住户遇有紧急事件或需要帮助时，可通过室内分机呼叫管理中心，与管理中心通话。

图4-6 可视室内分机

非可视室内分机如图4-7所示。

4. 层间分配器

层间分配器（图4-8）是访客对讲总线系统中的一个重要设备，是用来连接智能型楼寓对讲系统门口机与多线型楼寓对讲系统室内分机的层间设备。通过存储室内分机的编码，使各分机可以互换。经H总线接收、发送总线信息，同时模仿多线门口机与多线室内分机之间所有信号的发生与检测，包括振铃、选通、摘挂机检测、监视按键检测、开锁按键检测等，实现多线室内分机与智能门口机的通话、开锁、监视等功能。层间分配器用在大楼的每一层，起到系统解码、隔离、信号分配等作用。

5. 联网器

联网器（图4-9）为壁挂式结构，安装在每栋大楼中，连接门口机、室内分机、管理中心机等设备；内置CAN总线中继器，实现音视频信号、控制信号的通信转换。联网器是管理中心机和门口机、室内分机之间通话的接通点，起保护分区作用，避免一个设备出现问题使整个对讲系统瘫痪，是小区物业管理机的下一层链接设备。

图4-7 非可视室内分机

图4-8 层间分配器　　　　　　　图4-9 联网器

（三）系统结构图

1. 非联网型系统图

非联网型系统图如图4-10a所示。

2. 联网型系统图

联网型系统图如图4-10b所示。

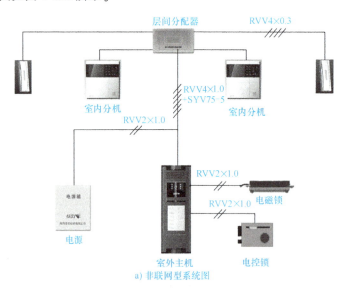

a) 非联网型系统图

图4-10 系统结构图

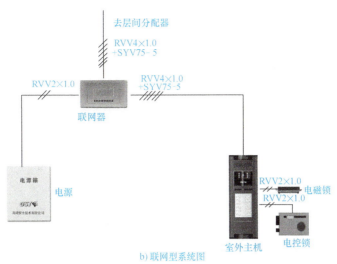

b) 联网型系统图

图 4-10　系统结构图（续）

3. 楼寓对讲系统示意图和框图

楼寓对讲系统示意图和框图分别如图 4-11 和图 4-12 所示。

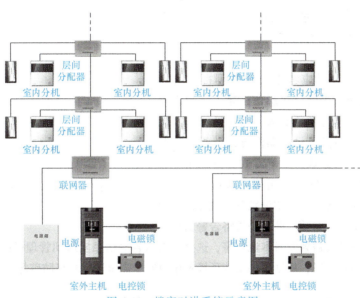

图 4-11　楼寓对讲系统示意图

（四）施工流程图

楼寓对讲系统施工流程图如图 4-13 所示。

（五）设备选型原则

楼寓对讲系统行业品牌众多，要根据项目的定位、结构、功能需求来选择合适的产品，以达到最佳的性能价格比。产品要具有实用性、安全性、灵活性和可扩展性。下面介绍设备选型考虑的因素及原则。

1. 用户接收机选型

用户接收机选型时应考虑选择非可视或可视型，通话方式选择免提和/或听筒方式，显

图 4-12 楼寓对讲系统框图

示方式选择黑白或彩色及显示屏尺寸，操作方式选择采用按键和/或触摸屏，附加功能选择音视频/图像记录与回放等功能，辅助接口选择配置报警接口、智能家居通信等接口。

2. 访客呼叫机选型

访客呼叫机选型时应考虑选择非可视或可视型；视频类型选择采用黑白或彩色视频，并考虑摄像机的补光灯配置与视场角要求；操作显示选择无显示、数码显示或液晶显示；操作方式选择采用按键操作或触摸屏操作方式；呼叫方式选择采用单键呼叫、房号呼叫、住户姓名呼叫等方式；开锁方式选择采用密码、非接触卡、生物识别等开锁方式；门体开启超时情况下本地告警，选择是否将告警信息发

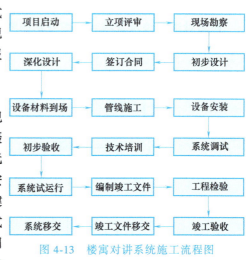

图 4-13 楼寓对讲系统施工流程图

送到管理机；防拆开关被触发时本地告警，选择是否将告警信息发送到管理机；根据现场安装环境选择适当外壳防护等级；根据现场安装环境及用户安全需求选择具有防破坏能力的产品。

3. 管理机选型

管理机选型时应考虑选择采用免提、听筒或者同时具备免提和听筒通话方式，选择视频显示功能及显示屏尺寸和/或视频图像发送功能，选择采用按键操作或触摸屏操作方式，选择是否具有呼叫记录存储及回拨功能，选择是否具有在设定时段接管用户接收机接听访客呼叫的功能，选择是否具有将呼叫信号转移至系统其他管理机的功能，选择是否具有发送图文信息到用户接收机和/或访客呼叫机的功能，选择是否具有接收及显示用户接收机上传报警信息的功能，选择是否具有访客呼叫的时间、日期和通行事件信息记录功能，选择是否具有数据备份及恢复功能。

4. 辅助设备选型

根据厂商提供的产品技术说明书选择系统配套的辅助设备（如联网器、层间分配器、

交换机等）及其数量。

（六）系统传输和供电方式

信号传输方式分为有线传输和无线传输两种方式。应根据系统规模、系统功能、现场环境的要求选择传输方式，保证信号传输的稳定、准确、安全、可靠，且便于布线、施工、检测和维修。一般采用有线传输为主、无线传输为辅的传输方式。

有线传输包括专线传输、公共数据网传输、电缆光缆传输等多种模式。系统传输主干采用有线传输方式，无线传输适用于用户接收机的无线扩展终端应用。有线传输网络布线应综合考虑出入口控制点位分布、传输距离、环境条件、系统性能等因素，选择普通线缆、全五类线、光纤主干及五类线到户组合布线、光纤到户等方式。

应根据安全防范诸多因素，并结合安全防范系统所在区域的风险等级和防护级别，合理选择主电源形式及供电模式。市电网供电制式宜为 TN-S 制，电源具备短路保护功能。主电源与备用电源能自动切换，切换时不改变系统工作状态；备用电源容量能保障系统语音对讲功能及报警功能持续时间不小于 8h；备用电源可以是免维护电池和/或不间断电源。

安全防范系统的电能输送主要采用有线方式的供电线缆。按照路由最短、汇聚最简、传输消耗最小、可靠性高、代价最合理、无消防安全隐患等原则对供电的能量传输进行设计，确定合理的电压等级，选择适当类型的线缆，规划合理的路由。

（七）系统实训模块

<u>1. 楼寓对讲系统实训模块的组成</u>

楼寓对讲系统实训模块由管理中心机、室外主机、多功能室内分机、普通室内分机、联网器、层间分配器、开门按钮、电控锁、通信转换模块和可视对讲管理软件等组成，能够实现室内、室外和管理中心之间的可视对讲、门禁管理等功能，如图 4-14 所示。楼寓对讲系统设备清单见表 4-1。

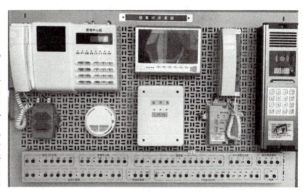

图 4-14　楼寓对讲系统实训模块

表 4-1　楼寓对讲系统设备清单

序号	名　　称	品牌	型号
1	室外主机	海湾	DJ6106CI
2	管理中心机	海湾	DJ6406
3	非可视室内分机	海湾	DJ6209
4	联网器	海湾	DJ6327B
5	层间分配器	海湾	DJ6315B
6	电控锁	福鑫	单胆
7	门磁	豪恩	HO-03
8	非接触卡	—	RFID02A
9	可视室内分机	海湾	DJ6956AB
10	通信转换模块	科瑞	K-7110

（续）

序号	名称	品牌	型号
11	开门按钮	鸿雁	A86K12-10BN
12	86底盒	—	

2. 楼寓对讲系统实训模块器件安装

访客呼叫机（室外主机、门铃）、用户接收机（可视分机、非可视分机、管理中心机）的安装位置、高度应合理设置；应将访客呼叫机内置摄像机的方位和视角调整至最佳位置。

（1）管理中心机

图4-15所示为管理中心机装配图。

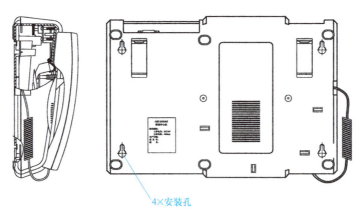

图4-15 管理中心机装配图

（2）室外主机

图4-16所示为室外主机外形示意图。

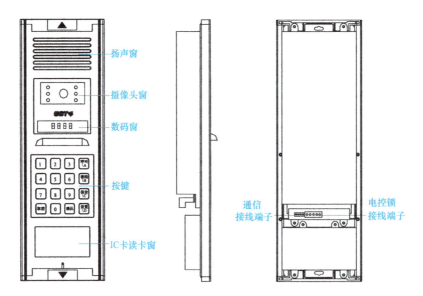

图4-16 室外主机外形示意图

(3) 多功能室内分机

多功能室内分机外形示意图如图 4-17 和图 4-18 所示。

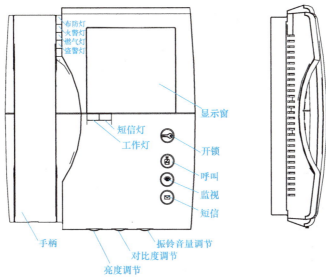

图 4-17　按键式多功能室内分机外形示意图

图 4-18　触屏式多功能室内分机外形示意图

(4) 普通室内分机

普通室内分机外形示意图如图 4-19 所示。

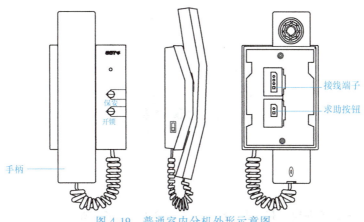

图 4-19　普通室内分机外形示意图

(5)联网器

图 4-20 所示为联网器接线示意图。

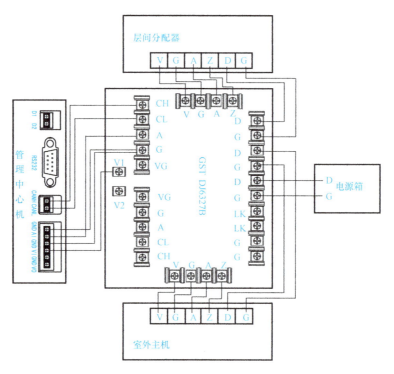

图 4-20　联网器接线示意图

(6)层间分配器

图 4-21 所示为已完成装配的层间分配器安装效果图。

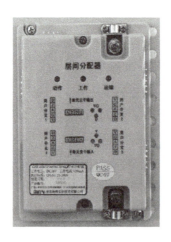

图 4-21　层间分配器安装效果图

3. 楼寓对讲系统及实训模块接线图

楼寓对讲系统及实训模块接线图分别如图 4-22 和图 4-23 所示。

项目四 楼寓对讲系统的安装与调试

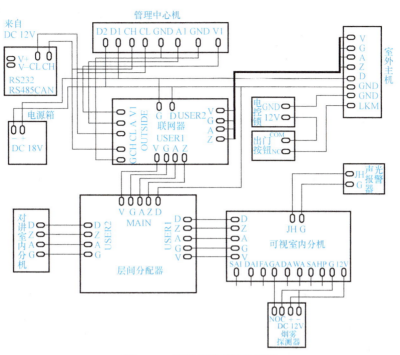

图 4-22 楼寓对讲系统接线图

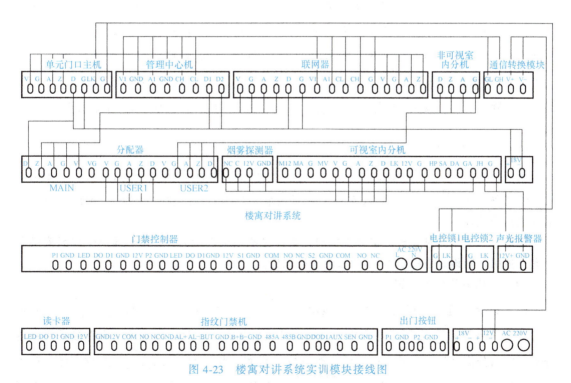

图 4-23 楼寓对讲系统实训模块接线图

4. 楼寓对讲系统实训模块设置

(1) 室外主机设置状态

给室外主机上电,若数码显示屏有滚动显示的数字或字母,则说明室外主机工作正常。

125

系统正常使用前应对室外主机地址、室内分机地址进行设置，联网型的还要对联网器地址进行设置。按"设置"键，进入设置模式状态，设置模式分为 `F1` ~ `F12`。每按一下"设置"键，设置项切换一次。即按一次"设置"键进入设置模式 `F1`，按两次"设置"键进入设置模式 `F2`，依此类推。室外主机处于设置状态（数码显示屏显示 `F1` ~ `F12`）时，可按"取消"键或延时自动退出到正常工作状态。

F1 ~ F12 的设置见表 4-2。

表 4-2 室外主机设置

设置模式	功　　能	设置模式	功　　能
F1	住户开门密码	F7	设置锁控时间
F2	设置室内分机地址	F8	注册 IC 卡
F3	设置室外主机地址	F9	删除 IC 卡
F4	设置联网器地址	F10	恢复 IC 卡
F5	修改系统密码	F11	视频及音频设置
F6	修改公用密码	F12	设置短信层间分配器地址范围

（2）联网器楼号、单元号设置

按"设置"键，直到数码显示屏显示 `F4`，按"确认"键，显示 `____`，正确输入系统密码后，先显示 `Addr`，再显示联网器当前地址（在未接联网器的情况下一直显示 `Addr`），然后按"设置"键，显示 `-___`，输入三位楼号，按"确认"键，显示 `-__`，输入两位单元号，按"确认"键，显示 `LISN`，等待联网器的应答。15s 内接到应答，则显示 `SUCC`，否则显示 `NrSP`，表示联网器没有响应。2s 后返回至 `F4` 状态。

（3）室外主机地址设置

按"设置"键，直到数码显示屏显示 `F3`，按"确认"键，显示 `____`，正确输入系统密码后显示 `---_`，输入室外主机新地址（1~9），然后按"确认"键即可设置新室外主机的地址。

注意：一个单元只有一台室外主机时，室外主机地址设置为 1。如果同一个单元安装多个室外主机，则地址应按照 1~9 的顺序进行设置。

（4）室内分机地址设置

按"设置"键，直到数码显示屏显示 `F2`，按"确认"键，显示 `____`，正确输入系统密码后显示 `S_ON`，进入室内分机地址设置状态。此时，用室外主机直接呼叫室内分机，室内分机摘机与室外主机通话。然后按"设置"键，显示 `____`，按数字键，输入室内分机地址，按"确认"键，显示 `LISN`，等待室内分机应答。15s 内接到应答则闪烁显示新的地址码，否则显示 `NrSP`，表示室内分机没有响应。2s 后，数码显示屏显示 `S_ON`，可继续进行分机地址的设置。

注意：在室内分机地址设置状态下若不进行按键操作，数码显示屏将始终保持显示 S_On，不会自动退出。连续按下"取消"键可退出室内分机地址的设置状态。

5. 楼寓对讲系统实训模块调试

（1）室外主机呼叫室内分机

输入门牌号+"呼叫"键或"确认"键或等待4s，可呼叫室内分机。

现以呼叫"102"号住户为例来进行说明。输入"102"，按"呼叫"键或"确认"键或等待4s，数码显示屏显示 $CALL$，等待被呼叫方的应答。接到对方应答后，显示 $CHAt$，此时室内分机已经接通，双方可以进行通话。通话期间，室外主机会显示剩余的通话时间。在呼叫/通话期间，室内分机挂机或按下正在通话的室外主机的"取消"键可退出呼叫或通话状态。如果双方都没有主动发出终止通话命令，室外主机会在呼叫/通话时间到后自动挂断。

（2）室外主机呼叫管理中心

按"保安"键，数码显示屏显示 $CALL$，等待管理中心机应答，接收到管理中心机的应答后显示 $CHAt$，此时管理中心机已经接通，双方可以进行通话。室外主机与管理中心之间的通话可由管理中心机中断或在通话时间到后自动挂断。

（3）住户开锁密码设置

按"设置"键，直到数码显示屏显示 $F1$，按"确认"键，显示 $\_\_\_\_$，输入门牌号，按"确认"键，显示 $\_\_\_\_$，等待输入系统密码或原始开锁密码（无原始开锁密码时只能输入系统密码），正确输入系统密码或原始开锁密码后，显示 $P1$，按任意键或2s后，显示 $\_\_\_\_$，输入新密码。

按"确认"键，显示 $P2$，按任意键或2s后显示 $\_\_\_\_$，再次输入新密码，按"确认"键。如果两次输入的密码相同，保存新密码，并且显示 $SUCC$，开锁密码设置成功，2s后显示 $F1$；若两次新密码输入不一致，则显示 $Err.$，并返回至 $F1$ 状态。若原始开锁密码输入不正确，显示 $Err.$，并返回至 $F1$ 状态，可重新执行上述操作。

（4）公用开门密码修改

按"设置"键，直到数码显示屏显示 $F8$，按"确认"键，显示 $\_\_\_\_$，正确输入系统密码后显示 $P1$，按任意键或2s后显示 $\_\_\_\_$，输入新的公用开门密码，按"确认"键，显示 $P2$，按任意键或2s后显示 $\_\_\_\_$，再次输入新密码，按"确认"键。如果两次输入的新密码相同，则显示 $SUCC$，表示公用开门密码已成功修改；若两次输入的新密码不同，则显示 $Err.$，表示密码修改失败，退出设置状态，返回至 $F8$ 状态。

（5）住户密码开门

输入门牌号+"密码"键+"开锁密码"+"确认"键，可开门。

门打开时，数码显示屏显示 `OPEN` 并有声音提示。若开锁密码输入错误，则显示 `____`，示意重新输入。如果密码连续三次输入不正确，则自动呼叫管理中心，显示 `CALL`。输入密码多于4位时，取前4位有效。按"取消"键，可以清除新输入的数，如果在显示 `____` 时再次按下"取消"键，则会退出操作。

（6）胁迫密码开门

如果使用住户密码开门时输入的密码末位数加1（如果末位为9，加1后为0，不进位），则作为胁迫密码处理：

1）与正常开门时的情形相同，门被打开。

2）有声音及显示给予提示。

3）向管理中心发出胁迫报警。

（7）公用密码开门

按下"密码"键+"公用密码"+"确认"键，可开门。系统默认的公用密码为"123456"。

门打开时，数码显示屏显示 `OPEN` 并伴有声音提示。如果密码连续三次输入不正确，则自动呼叫管理中心，显示 `CALL`。

（8）设置锁控时间

按"设置"键，直到数码显示屏显示 `F7`，按"确认"键，显示 `____`，正确输入系统密码后显示 `-___`，输入要设置的锁控时间（单位：s），按"确认"键，设置成功显示 `SUCC`，设置失败显示 `EFF`，3s后返回到 `F7`。出厂默认锁控时间为3s。

（八）系统管理软件

1. 通信连接

将通信线的一端接"K-7110通信转换模块"，另一端接计算机的串口"COM1"。给通信转换模块上电。

2. 启动软件

按照"开始→程序→可视对讲应用系统"的路径打开"可视对讲应用系统"应用软件，启动"系统登录"界面。

3. 登录使用

首次登录的用户名和密码均为系统默认值（用户名为1，密码为1），以系统管理员身份登录，如图4-24所示。

登录后，首先进入值班员的设置界面，添加、删除用户及更改密码，并保存到数据库中。下一次登录，就可用设定的用户身份登录。

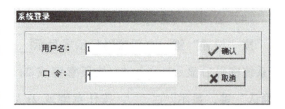

图4-24 "系统登录"界面

用户登录成功后，进入系统主界面，如图4-25所示。主界面分为电子地图监控区和信息显示区。电子地图监控区包括楼盘添加、配置、保存。信息显示区包括当前报警信息、最新监控信息和当前信息列表。监控信息的内容包括监控信息的位置描述和信息产生的时间以及信息的确认状态。监控信息表包括电子地图、报警信息、巡更信息、对讲信息、开门信息、消息列表和其他信息。

登录系统后，登录的用户就是值班人。

4. 系统配置

（1）值班员管理

前面说过，当第一次运行该系统时，系统登录是以默认系统管理员身份登录。登录后，单击主菜单的"系统设置→值班员设置"，就可以进行值班员管理操作，即可以添加值班员、删除值班员和更改值班员的密码（密码的合法字符有0～9，a～z），以及查看值班员的级别。当选中某一值班员时，会在值班员管理界面的标题上显示其级别和名称。用户管理的操作界面如图4-26所示。

图4-25　系统主界面

图4-26　用户管理的操作界面

1）添加值班员。单击"添加值班员"按钮，输入用户名、密码及选择级别权限，单击"确认"按钮即可。用户名最多为20个字符或10个汉字，密码最多为10个字符。权限分为3级，分别是系统管理员、一般管理员和一般操作员。系统管理员具有对软件操作的所有权限；一般管理员除了通信设置、矩阵设置外，其他功能均能操作；一般操作员不能进行系统设置、卡片管理和信息发布等操作。

2）删除值班员。从列表中选择要删除的值班员，单击"删除值班员"按钮，再单击"确认"按钮即可，但不能删除当前登录的用户及最后一名系统管理员。

3）更改密码。从列表中选中要更改密码的值班员，单击"更改密码"按钮，输入原密码及新密码，新密码要输入两次确认。

（2）用户登录

用户登录有如下两种情况。

1）启动登录。启动该系统时，要进行身份确认，需要输入用户信息登录系统，如图4-27所示。

2）值班员交接。系统已经运行，由于操作人员的交接或一般操作员的权力不足，需要更换为系统管理员，则需要重新登录，单击快捷工具栏中的"值班交接"按钮即可，这样不必重新启动系统登录，避免造成数据丢失和操作不方便。登录界面如图4-27所示。

（3）通信设置

要实现数据接收（报警、巡更、对讲、开门等信息的监控）和发送（卡片的下载等），就必须正确配置 CAN/RS232 通信模块、系统参数和发卡器串口。选择"系统设置"菜单中的"通信设置"命令，通信设置界面如图 4-28 所示。

图 4-27　登录界面

图 4-28　通信设置界面

当设置完 CAN 通信模块的配置信息，这时还是原来的配置参数，要使用新的配置信息，必须将 CAN 通信模块断电后再上电，这样才能使用新的配置。

（4）住户管理

住户管理用于小区楼盘配置楼号、单元及房间的节点，在监控界面形成电子地图，如图 4-29 所示。

（5）背景图设置

选择"系统设置"菜单中的"背景图设置"命令，进入"背景图设置"界面，如图 4-30 所示，通过该界面可以选择不同的监控背景图。背景图可由其他绘图软件绘制，可以是 bmp、jpeg、jpg、wmf 等格式，大小应至少为 800×600 像素，如图 4-30 所示。

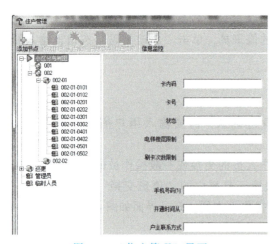

图 4-29　"住户管理"界面

图 4-30　"背景图设置"界面

（6）监控信息

可视对讲软件启动后，就可以监控对讲、开门和报警等信息，监控信息的显示如图 4-31 所示。

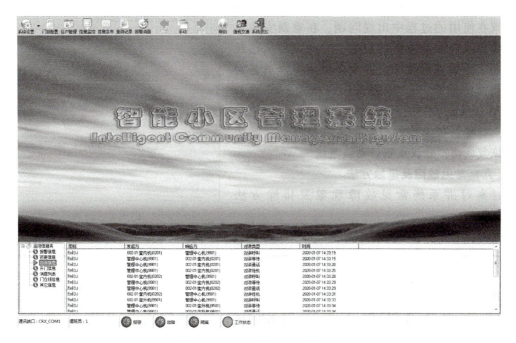

图 4-31　可视对讲软件监控界面

（7）运行记录

运行记录包含了系统运行时的各种信息，主要包括报警、巡更、开门、对讲、消息、故障。这些信息都存在数据库中，用户可以进行查询、数据导出及打印等操作。

当用户要查找所需信息时，单击快捷工具栏上的"查询记录"按钮，启动"查询记录"界面，如图 4-32 所示。

图 4-32　"查询记录"界面

查询信息可以按照信息类别分类，即分为报警、巡更、开门、日志、对讲、消息和故障等。用户可以根据要求输入查询条件：记录类型、值班员、记录的起始时间和结束时间。

（8）系统数据恢复

系统数据恢复是基于数据安全性的考虑，如果系统在使用的过程中出现问题，在重新安装系统时需要恢复系统原来的数据，对此可以从已经备份的文件中导入数据，系统会提示操作员是否备份当前的数据。"数据备份与恢复"界面如图 4-33 所示。

选择备份数据库并打开，系统会提示"系统数据恢复成功，建议重新启动该系统"。

（九）常见故障及排除方法

楼寓对讲系统常见故障现象及排除方法见表 4-3。

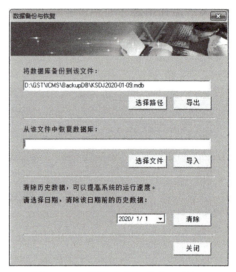

图 4-33 "数据备份与恢复"界面

表 4-3 常见故障分析表

故障现象	可能原因	排除方法
操作可视分机无任何反应	电源供电不正常，分机故障	检查可视分机各引线端的电压是否正常，若无电源，则机器不工作、显示屏无光栅。若排除上述原因，则可更换分机来判断分机的好坏
能振铃但不能对讲	音频线路故障	拨号后能振铃，但提机后不能对讲，应检查音频线是否连接正确。检查有没有和其他线搭线
分机无图像	视频线路故障，视频分配器故障	当分机能振铃、对讲、显示屏有光栅，但无图像时，首先应检查分机视频线是否连接好，有视频分配器的要检查其工作电源（12V），确认该分机的接口连线是否插接可靠

三、标准规范

（一）工程施工要求

安全防范工程施工单位应根据深化设计文件编制施工组织方案，落实项目组成员，并进行技术交底。进场施工前应对施工现场进行相关检查。

线缆敷设前，应进行导通测试。线缆应自然平直布放，不应交叉缠绕打圈。线缆接续点和终端应进行统一编号、设置永久标识，线缆两端、检修孔等位置应设置标签。

线缆穿管管口应加护圈，防止穿管时损伤导线。导线在管内或线槽内不应有接头或扭结。导线接头应在接线盒内焊接或用端子连接。

设备安装前，应对设备进行规格型号检查、通电测试。设备安装应平稳、牢固、便于操作维护，避免人身伤害，并与周边环境相协调。

楼寓对讲设备安装应符合下列规定：

1）用户接收机安装在住户室内的墙体上，安装应牢固，其高度离地面 1.4~1.6m。

2）访客呼叫机安装在单元防护门上或墙体预埋盒内，非可视访客呼叫机操作面板的中心位置、可视访客呼叫机摄像头位置的安装高度应距离地面 1.5~1.6m。

3）调整访客呼叫机内置摄像机的方位和视角于最佳位置，对不具备逆光补偿的摄像机采取遮挡或避光等措施。

4）配置管理机的系统，管理机安装在管理中心内或小区出入口的值班室内，安装应牢固、稳定。

另外，监控中心控制、显示等设备屏幕应避免阳光直射，当不可避免时，应采取避光措施。在控制台、机柜（架）、电视墙内安装的设备应有通风散热措施，内部插接件与设备连接应牢靠。设备金属外壳、机架、机柜、配线架、金属线槽和结构等应进行等电位联结并接地。

（二）系统调试要求

系统调试前，应根据设计文件、设计任务书、施工计划编制系统调试方案。系统调试过程中，应及时、真实填写调试记录。系统调试完毕后，应编写调试报告。系统的主要性能、性能指标应满足设计要求。

系统调试前，应检查工程的施工质量，查验已安装设备的规格、型号、数量、备品备件等。系统在通电前应检查供电设备的电压、极性、相位等。应对各种有源设备逐个进行通电检查，工作正常后方可进行系统调试。

楼寓对讲系统调试应至少包含下列内容：

1）访客呼叫机、用户接收机、管理机等设备，保证系统工作正常。
2）可视访客呼叫机摄像机的视角方向应保证监视区域图像的有效采集。
3）选呼、对讲、可视、开锁、防窃听、门体开启超时告警、系统联动、无线扩展等。
4）警戒设置、警戒解除、报警和紧急求助等。
5）设备管理、权限管理、事件管理、数据备份及恢复、信息发布等。
6）楼寓对讲系统的其他功能。

（三）工程质量验收

楼寓对讲系统工程质量验收记录表见表 4-4。

表 4-4 楼寓对讲系统工程质量验收记录表

单位工程名称			子工程	
分项工程名		楼寓对讲系统	验收部位	
施工单位			项目经理	
施工执行标准名称及编号				
分包单位			分包项目经理	
检测项目（主控项目）			检查评定记录	备注
1	设备功能	可视分机		备抽检数量比例不低于20%且不少于3台。合格率为100%时为合格；系统功能和联动功能全部检测，符合设计要求时为合格，合格率为100%时系统检测为合格
		单元主机		
		电控锁		
		电源		
		管理中心		
2	图像质量	图像清晰度		
		抗干扰能力		

（续）

	检测项目（主控项目）		检查评定记录	备注
3	声音质量	声音清晰度		备抽检数量比例不低于20%且不少于3台。合格率为100%时为合格；系统功能和联动功能全部检测，符合设计要求时为合格，合格率为100%时系统检测为合格
		抗干扰能力		
4	系统功能	呼叫		
		应答		
		话音		
		开锁		
5		三方通信		

检测意见：

监理工程师签字：　　　　　　检测机构负责人签字：

（建设单位项目专业技术负责人）

日期：　　　　　　　　　　　日期：

（四）技术标准规范

1)《智能建筑设计标准》（GB 50314—2015）。
2)《智能建筑工程质量验收规范》（GB 50339—2013）。
3)《安全防范工程技术标准》（GB 50348—2018）。
4)《建筑电气工程施工质量验收规范》（GB 50303—2015）。
5)《楼寓对讲系统安全技术要求》（GA 1210—2014）。
6)《楼寓对讲系统　第1部分：通用技术要求》（GB/T 31070.1—2014）。
7)《楼寓对讲系统　第2部分：全数字系统技术要求》（GB/T 31070.2—2018）。
8)《楼寓对讲系统　第4部分：应用指南》（GB/T 31070.4—2018）。

（五）系统发展趋势

楼宇对讲经过了国内30多年的发展，不再是简简单单的开锁工具了，更是安防中不可或缺的一部分。根据CNNP大数据平台2021—2022年楼宇可视对讲十大品牌数据显示，国内品牌的用户认可度位居前列，超越一些国际品牌。

随着5G、物联网、大数据、视频图像处理技术等的普及应用，楼宇对讲产品已开始从功能单一的功能性产品演变为具有丰富功能的可作为家居装饰的时尚品，并且实现与手机移动互联，打造智慧社区。楼宇对讲产品精致化的同时，更要把产品做给有需要的人、适合使用的人，减轻居家老人的学习压力。

工作任务

一、任务导入

虹桥华亭小区共计公寓楼3栋，楼高5层。公寓楼有两个梯位，每梯两户，共计60户。计划采用楼寓对讲系统，请进行方案设计。具体任务如下：

1）根据小区结构绘制楼寓对讲系统图。

2）用表格形式列出所需要的设备材料清单（名称、型号、规格、数量）。

3）进行其中一个单元的设备、元器件的安装与接线。

4）进行其中一个单元的楼寓对讲系统调试。

二、任务分析

首先，根据任务要求绘制楼寓对讲系统图，确定需要设置单元门口机、层间分配器、联网器和可视室内分机的数量。再参照实训设备选择设备型号和管理系统软件。最后进行设备安装、接线和调试。

三、任务决策

分组讨论制订虹桥华亭小区楼寓对讲系统设计方案，绘制楼寓对讲系统图（图4-34），填写设备选型及配置表（表4-5）。

（一）绘制楼寓对讲系统图

图 4-34　楼寓对讲系统图

（二）设备选型及配置

表 4-5　设备选型及配置表

序号	名称	型号	规格	数量
1	单元门口机			
2	可视室内分机			
3	非可视室内分机			
4	层间分配器			
5	联网器			
6	管理中心机			

 计划制订

一、工作计划

学习施工流程图，分组讨论并制订工作计划，填写工作计划表（表 4-6）。

表 4-6 工作计划表

流水号	工作阶段	工作要点备注	资料清单	工作成果
1	设备准备			
2	设备安装			
3	弱电布线			
4	布线验收			
5	系统调试			
6	系统验收			

二、材料清单

根据制订的虹桥华亭小区楼寓对讲系统设计方案列举任务实施中需要用到的材料，填写材料清单表，见表 4-7。

表 4-7 材料清单表

序号	设备名称	型号	功能
1			
2			
3			
4			
5			
6			

 任务实施

一、器件安装

在网孔板上模拟安装一个单元的设备、元器件，安装位置如图 4-14 所示。实训模块安装完成后进行小组互查，填写元器件安装检查表，见表 4-8。

表 4-8 元器件安装检查表

序号	名称	负责人	安装位置检查	安装可靠性检查
1	单元门口机			
2	可视室内分机			
3	非可视室内分机			

(续)

序号	名称	负责人	安装位置检查	安装可靠性检查
4	层间分配器			
5	联网器			
6	电控锁			
7	通信转换模块			

二、工艺布线

在实训设备上模拟进行一个单元的设备、元器件接线，接线示意图如图4-23所示。实训模块接线完成后进行小组互查，填写工艺布线检查表，见表4-9。

表4-9 工艺布线检查表

序号	名　　称	负责人	布线工艺正确性检查
1	层间分配器—可视室内分机		
2	层间分配器—非可视室内分机		
3	层间分配器—联网器		
4	管理中心机—联网器		
5	单元门口机—联网器		
6	单元门口机—电控锁（直接LK和G）		
7	电源接线		
8	烟雾探测器—可视室内分机		

三、系统调试

根据调试项目完成楼寓对讲系统的设置和调试，填写系统调试检查表，见表4-10。

表4-10 系统调试检查表

序号	调试项目名称	负责人	检查确认
1	设置楼号为"002"，单元号为"01"（联网器地址）		
2	设置单元门口机地址为"1"		
3	设置可视室内分机的房间号为"201"		
4	设置非可视室内分机的房间号为"202"		
5	设置锁控时间为5s		
6	设置201房间住户室外主机开锁密码为"8201"		
7	设置202房间用密码"5678"开门时发出胁迫报警信息		
8	设置公用开门密码为"6666"		

四、故障分析

针对楼寓对讲系统在调试过程中发现的故障，分组进行分析和排除，填写故障检查表，见表 4-11。

表 4-11 故障检查表

序号	故障内容	负责人	故障解决方法
1			
2			
3			
4			
5			

五、工作记录

回顾楼寓对讲系统安装与调试项目的工作过程，填写工作记录表，见表 4-12。

表 4-12 楼寓对讲系统工作记录表

项目名称	楼寓对讲系统的安装与调试
日期：_____年_____月_____日	记录人：_____

工作内容：

资料/媒体：

工作成果：

问题解决：

需要进一步处理的内容：

小组意见：

日期：　　　　　　　　　　　　　　学生签字：

日期：　　　　　　　　　　　　　　教师签字：

任务验收

根据表 4-13 所列调试项目进行楼寓对讲系统安装与调试的验收,完成三方评价。

表 4-13 楼寓对讲系统安装与调试验收记录表

	项 目		评定记录			
			自评	组评	师评	总评
1	设备安装	可视分机				
		单元主机				
2	设备接线	接线				
3	软件设置	建筑物				
		门口机				
		户机				
		住户资料				
4	设备功能	电控锁				
		电源				
		管理中心				
5	图像质量	图像清晰度				
		抗干扰能力				
6	声音质量	声音清晰度				
		抗干扰能力				
7	系统功能	呼叫				
		应答				
		话音				
		开锁				
8	三方通信					
9	职业素养					
10	安全文明					

小组意见:

组长签字: 教师签字:

日期: 日期:

工作评价

根据楼寓对讲系统项目完成情况,由小组和教师填写工作评价表,见表 4-14。

表 4-14　楼寓对讲系统安装与调试工作评价表

学习小组		日期	
团队成员			
评价人	□ 教师　□ 学生		

1. 获取信息

评价项目	记录	得分	权重	综合
专业能力			0.45	
个人能力			0.1	
社会能力			0.1	
方法和学习能力			0.35	
得分(获取信息)			1	

2. 决策和计划

评价项目	记录	得分	权重	综合
专业能力			0.45	
个人能力			0.1	
社会能力			0.1	
方法和学习能力			0.35	
得分(决策和计划)			1	

3. 实施和检查

评价项目	记录	得分	权重	综合
专业能力			0.45	
个人能力			0.1	
社会能力			0.1	
方法和学习能力			0.35	
得分(实施和检查)			1	

4. 评价和反思

评价项目	记录	得分	权重	综合
专业能力			0.45	
个人能力			0.1	
社会能力			0.1	
方法和学习能力			0.35	
得分(评价和反思)			1	

课后作业

1. 楼寓对讲系统由哪几部分组成？
2. 请简要描述楼寓对讲系统的工作原理。
3. 楼寓对讲系统实训模块调试项目有哪些？

4. 说明楼寓对讲系统安装有哪些规定。
5. 楼寓对讲系统住户管理的作用有哪些？
6. 请简述楼寓对讲系统软件的监控信息内容。
7. 对于楼寓对讲系统任务分析、决策、计划、实施、检查和评价过程中发现的问题进行归纳，列举改进和优化措施。
8. 列举楼寓对讲系统的应用场合。
9. 楼寓对讲系统的工作形式有几种？
10. 请说明层间分配器和联网器的功能作用。
11. 如何修改单元门口机的开门密码？
12. 楼寓对讲系统工程质量验收记录表的内容有哪些？

项目五　电子巡查系统的安装与调试

 学习目标

1. 了解巡查系统的应用场所、系统分类、组成及工作原理等内容。
2. 能够根据客户需求进行巡查系统方案设计。
3. 能够根据方案进行设备选型及配置。
4. 掌握巡查器的使用方法、巡查系统软件的设置与应用方法。
5. 能够在巡查系统软件中进行方案设置,并执行方案。
6. 能够对巡查记录进行查询与考核。
7. 了解巡查系统的功能检查与规范验收。
8. 养成自觉遵守和运用标准规范、认真负责、精益求精的工匠精神。
9. 养成职业规范意识和团队意识,提升职业素养。

 知识准备

一、应用现场

电子巡查系统是对巡查人员的巡查路线、方式及过程进行管理和控制的电子系统。巡查系统是安全防范技术体系中的一个重要组成部分,是一种先进的综合性管理体系。它要求巡查人员及时准确地到位,及时发现隐患,预防破坏,减少事故,同时它又把巡查人员巡查的全部或部分情况记录下来,并为日后对某些突发事件的处理提供了方便的条件及重要的依据。图 5-1 和图 5-2 所示为电子巡查系统应用现场和应用示意图。

图 5-1　电子巡查系统应用现场

项目五　电子巡查系统的安装与调试

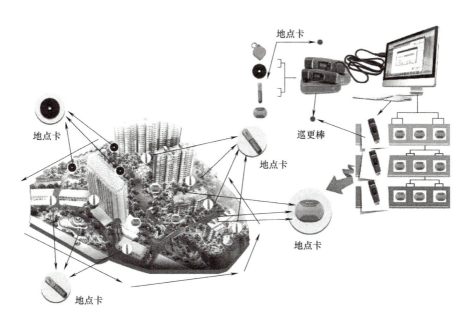

图 5-2　电子巡查系统应用示意图

　　电子巡查系统要求巡查人员及时准确地到位。因为只有这样，才能对损坏及破坏行为进行快速反应，同时对破坏者也有强大的心理威慑作用，保证小区或楼宇的正常运行。
　　电子巡查系统能帮助管理者了解巡查人员的表现，而且管理人员可通过软件随时更改巡查路线，以配合不同场合的需要，如图 5-3 和图 5-4 所示。

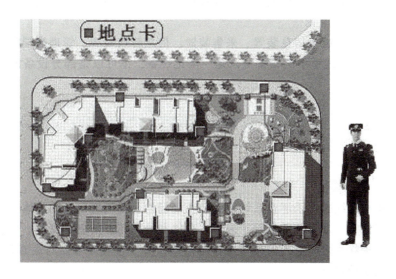

图 5-3　电子巡查系统路线和信息点示意图

　　电子巡查系统适用于楼宇及小区物业、商场、超市、酒店、大厦、厂矿、企事业单位的防火、防盗、保安巡查工作。

143

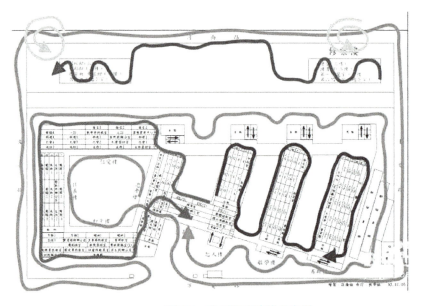

图 5-4　电子巡查路线示意图

二、知识导入

（一）系统组成

电子巡查系统主要由信息标识（信息装置或识别物）、数据采集、信息转换传输及管理终端等部分组成。

依照巡查信息是否能即时传递，电子巡查系统一般分为离线式和在线式两大类。

1. 离线式电子巡查系统

离线式电子巡查系统由信息装置、采集装置、信息转换装置、管理终端等部分组成，如图 5-5 所示。图中点画线框中的设备可以是一体化设备，也可以是部分设备的组合。打印机属于可选设备。

图 5-5　离线式电子巡查系统

信息装置是指离线式电子巡查系统中安装在现场的表征地址信息的载体，如信息钮，俗称巡更点、地点钮等。采集装置是用于采集、存储和处理巡查信息的设备。信息转换装置是在采集装置和管理终端之间进行信号转换和通信的设备。管理终端是对巡查信息进行搜集、存储、处理和显示的设备。

离线式电子巡查系统的数据采集器，俗称巡更棒，是一种集采集、信息转换和管理等功能的一体化设备，有接触式与非接触式之分。接触式巡查系统在读取信息时，数据采集器必须触及信息钮，早期出现的电子巡查产品主要是接触式，目前已较少使用。非接触式巡查系统是利用感应技术，不需要接触信息钮就可在一定的范围内读取到信息，其不足之处是易受强电磁干扰，不宜在恶劣环境下持续工作。生产现场存在强电磁干扰时，不宜选用非接触式系统。非接触式系统需求量大、价格低，信息钮可埋设在墙壁内，不易被人为破坏，是当前采用的主要方式，如图5-6所示。

图 5-6 非接触式巡查操作示意图

离线式电子巡查系统应用比较广泛，其最大的优点是无需布线，只要将巡查信息钮安装在待检位置上，巡查员手持数据采集器在每个巡查点采集信息。数据采集器连上计算机后，信息自动传输给计算机，并显示出整个巡查过程。系统不需要依赖导线接驳就可以记录巡查情况，其优点除了无需布线，还有使用方便、工期短及应用面较广等。

2．在线式电子巡查系统

在线式电子巡查系统由识别物、识读装置、管理终端等部分组成，如图5-7所示。图中点画线框中的设备可以是一体化设备，也可以是部分设备的组合。打印机属于可选设备。

图 5-7 在线式电子巡查系统

识别物是在线式电子巡查系统中，由巡查人员携带，供识读装置识别巡查信息的载体。识读装置是用于识读、采集、存储巡查信息，并与管理终端进行通信（有线/无线）的设备。

在线式电子巡查系统是在设备现场通过综合布线方式安装的识读装置与控制室内计算机组成的一个实时监控系统。当巡查员携带信息钮或信息卡按布线范围进行巡查时，管理者在中央监控室内就可看到巡查人员所在巡查路线及到达巡查点的时间。重要场合和一些有特殊要求的设备巡查可采用在线式电子巡查系统。在线式系统的最大优点是能进行实时管理。

（二）工作原理

本项目以离线式电子巡查系统为例进行讲述。

将信息钮（俗称巡查点、巡更点）安放在巡查路线的关键点上。保安在巡查的过程中用随身携带的数据采集器按线路顺序读取巡查点，在读取巡查点的过程中如果发现突发事件，可随时记录事件和状态，数据采集器将巡查点编号及读取时间保存为一条巡查记录。

每次巡查结束后，用传输线将数据采集器中的巡查记录上传到计算机中。管理软件将事先设定的巡查计划同实际的巡查记录进行比较，就可得出巡查漏检、误点等统计报表，这些报表可以真实反映巡查工作的实际完成情况。管理中心可随时查询相关信息，对漏检等失职问题进行有效分析和处理。图5-8所示为离线式电子巡查系统工作原理。

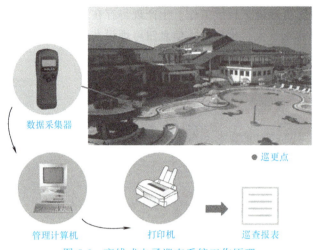

图 5-8　离线式电子巡查系统工作原理

（三）主要设备

1. 数据采集器

数据采集器的外壳由合金材料或不锈钢金属制成，具有防水、防尘、抗摔击性能，如图 5-9 所示。它体积小、内带时钟、内存，操作简单，携带方便，一次存储容量可达 4096 条，是设备巡查人员进行记录和管理的工具。巡查时由巡查员携带数据采集器，按设置的巡查线路到达设备信息钮所在位置，即能将巡查信息等进行采集记录。配置数量可视设备巡查工作量而定，一般同一条巡查线路的巡查人员（三班制）可合用一套。

图 5-9　数据采集器

2. 传输线

传输线主要是将数据采集器中的数据进行整理并快速传输到计算机中，如图 5-10 所示。

图 5-10　传输线

3. 信息钮

每个信息钮都有一个在出厂时就已注册了的 12 位 16 进制序列号，该序列号是唯一且不可更改的，因而容易区分不同的信息钮，如图 5-11 所示。

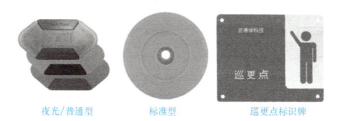

夜光/普通型　　　　　标准型　　　　　巡更点标识牌

图 5-11　信息钮

将具有不同编码的信息钮安装在待巡查点或设备上，并将信息钮编码及对应安装地点等信息存入计算机中。巡查员在用数据采集器读取信息钮信息时，信息钮接收到发出的射频信号后，凭借感应电流获得的能量发送出存储于芯片中的编码信息。数据采集器读取信息并解码进行数据处理后，即能将何人、何时到达某地、某设备的巡查情况等进行记录和存储，并定期读入计算机存档，给管理者提供了准确的考核依据。

信息钮的安装简单方便，适合粘贴在任何物体表面，一般固定在墙面上。为了防止人为破坏和外力毁坏，也可安装在隐蔽的地方，如混凝土内，如图 5-12 所示。

粘贴信息钮时，应把信息钮背面及粘贴物表面清理干净（可用砂纸轻轻打磨），粘贴 30min 后便十分牢固。

图 5-12　信息钮安装在墙面和混凝土内

4. 管理软件

电子巡查系统管理软件安装于计算机中，用于设定巡查路线、计划、保存巡查记录，并根据计划对记录进行分析，从而获得正常、漏检、误点等统计报表。图 5-13 所示为管理软件示例界面。

巡查系统是实现监督管理巡查人员是否按规定路线、在规定的时间内巡查了规定数量的巡查地点的最有效、最科学、技防与人防协调一致的系统，其主要特点有助于提高巡查人员的责任心、积极性，及时消除隐患，防患于未然。

（四）系统结构图

电子巡查系统结构图和框图分别如图 5-14 和图 5-15 所示。

（五）设备选型原则

电子巡查系统设计方案总体上遵循"技术先进、功能齐全、实用可靠、价格合理"的

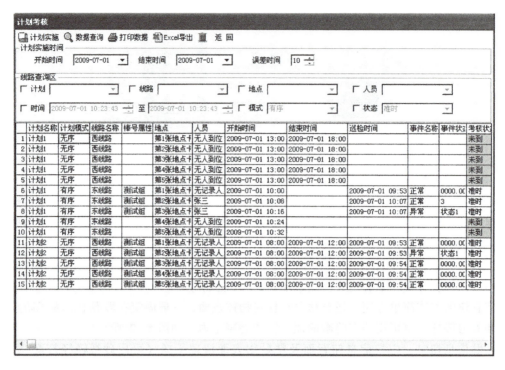

图 5-13　管理软件示例界面

原则，充分考虑各种因素。设备选型时可根据用户需求和下列功能和性能要求。

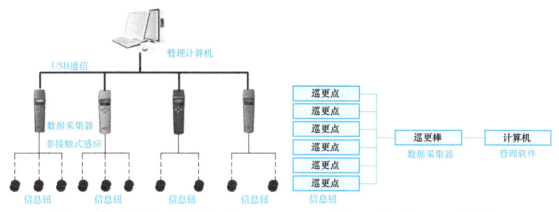

图 5-14　离线式电子巡查系统结构图　　图 5-15　离线式电子巡查系统框图

1. 巡查信息采集

巡查人员通过巡查地点时，按正常操作方式，采集装置或识读装置应采集到巡查信息。采集装置应具有防复读功能。

2. 巡查信息存储

采集装置应能存储不少于 4000 条的巡查信息。识读装置宜具有巡查信息存储功能，存储容量由产品标准规定。采集装置在换电池或掉电时，所存储的巡查信息不应丢失，保存时间不少于 10 天。

3. 识读响应

采集装置或识读装置在识读时应有声、光或振动等指示。采集装置或识读装置的识读响应时间应小于 1s。采集装置或识读装置采用非接触方式的识读距离应大于 2cm。在线式电子巡查系统采用本地管理模式时，现场巡查信息传输到管理终端的响应时间不应大于 5s；采用电话网管理模式时，现场巡查信息传输到管理终端的响应时间不应大于 20s。

4. 校时与计时

管理终端（管理中心）应能通过授权或自动方式对采集装置或识读装置进行校时。采集装置或识读装置计时误差每天应小于 10s。管理终端（管理中心）宜每天对采集装置或识读装置进行校时。

5. 传输故障监测

电子巡查系统在传输数据时如果发生传送中断或传送失败等故障，应有提示信息。

6. 数据输出

采集装置或识读装置内的巡查信息应能直接输出打印或通过信息转换装置下载到管理终端输出打印。

（六）系统传输和供电方式

在线式电子巡查系统的识读装置通过有线或无线方式与管理终端通信，使采集到的巡查信息能即时传输到管理终端。应根据系统规模、系统功能、现场环境和管理要求选择合适的传输方式，保证信号传输的稳定、准确、安全、可靠。

在线式电子巡查系统各设备（装置）之间的连接应有明晰的标示（如接线柱/座有位置、规格、定向等特征，引出线有颜色区分或以数字、字符标示）。在线式电子巡查系统各设备（装置）之间的连线宜能以隐蔽工程连接。

系统设备应有电源状态指示，当电压在额定值的 85%~110% 范围内变化时，应能正常工作。采集装置以一天平均采集 150 条巡查信息为基准，其电池应能支持正常工作不少于 6 个月。采集装置以单击次数计算时，其电池应能保持单击次数不少于 35000 次。

采集装置的电池电压降至规定值时应有欠电压指示，欠电压指示后再采集巡查信息的条数应不少于 150 条或正常使用时间应不少于 24h。识读装置使用备用电池时，应保证连续工作不少于 24h，并在其间正常识读不少于 150 次。采用备用电源时，主、备电源应能自动转换。

（七）系统实训模块

电子巡查系统实训模块主要由巡查器、充电器、通信线和信息钮等组成，如图 5-16 所示。设备清单见表 5-1。

图 5-16　电子巡查系统实训模块

表 5-1　电子巡查系统设备清单

序号	名　　称	品牌	型号
1	巡查器	兰华德	L-9000 中文机
2	充电器	兰华德	L-9000
3	通信线	兰华德	L-9000
4	信息钮	兰华德	ID-EM

(八) 巡查器的使用

1. 按键说明

按"OK"键唤醒显示屏，通过多功能按键的上、下按键进行选择或退出，按"OK"键进行选择确认，如图 5-17 所示。

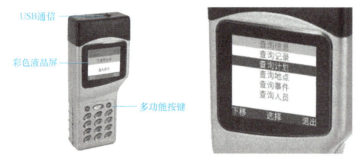

图 5-17　智能巡查器

2. 信息采集

当巡查人员开始巡查前，应在巡查器上进行"人员选择"和"计划选择"。到达预定的地点后，选择"进入读卡"将巡查器的顶部对准采集的地点钮。当巡查器发出"嘀"的声响时，说明数据已经成功采集到巡查器中。然后根据现场巡查情况选择相应的事件和状态。

3. 查阅信息

巡查人员可以随时进行"进入查询"，查阅巡查器中储存的信息，包含查询记录、查询计划、查询地点、查询事件及查询人员等。

4. 信息传输

当巡查人员巡查完毕以后，将传输线正确连接计算机，然后使巡查器"进入通信"，同时在管理软件中单击"采集数据"，即可将信息传输到软件的数据库中。

(九) 系统管理软件

1. 启动系统

软件安装完成后，即可在"开始→程序→巡查管理系统 A1.0"中单击"巡查管理系统 A1.0"项启动系统，出现的用户登录文本框，如图 5-18 所示。如果是第一次使用本系统，请选择管理员登录系统，口令为"333"，这样将以管理员的身份登录到本系统。

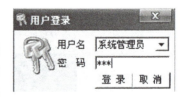

图 5-18　巡查管理系统用户登录

系统启动后，出现图 5-19 所示各操作菜单。第一次使用本系统进行日常工作之前，应建立必要的基础数据，如果需要，应修改系统参数。

图 5-19　巡查管理系统工具条

2. 资源设置

（1）人员设置

"人员设置"界面如图 5-20 所示，用来对巡检人员进行设置，以便用于日后对巡检情况的查询。

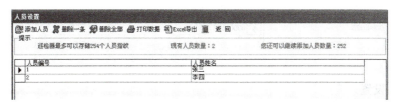

图 5-20　"人员设置"界面

人员姓名为手动添加，最多 7 个汉字或者 15 个字符。添加完毕后，可以在表格内对人员姓名进行修改。中文机内最多存储 254 个人员信息，在该界面的上方有数量提示。

（2）地点设置

"地点设置"界面如图 5-21 所示，用来对巡查地点进行设置，以便用于日后对巡查情况的查询。设置地点之前，可先将巡查器清空，然后将要设置的地点按顺序依次读入到巡查器中，把巡查器和计算机连接好，选择"资源设置→地点设置"单击"采集数据"按钮。按顺序填写每个地点对应的名称，修改完毕退出即可。还可以单击"打印数据"按钮将巡查地点设置情况进行打印，也可以用 EXCEL 表格的形式将地点设置导出，以备查看。

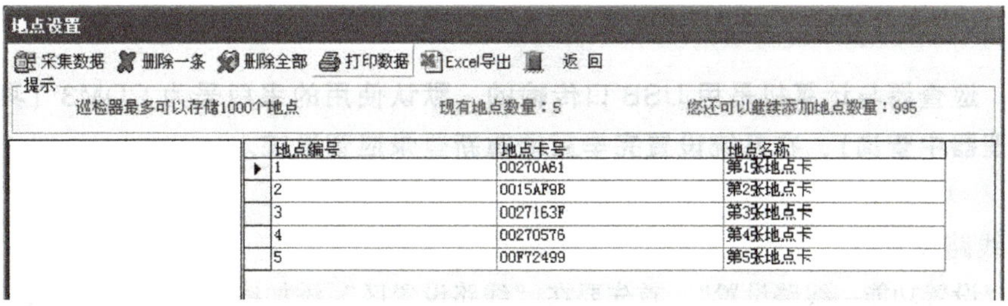

图 5-21　"地点设置"界面

（3）事件设置

此选项用来对巡查事件进行设置，以便用于日后对巡检情况的查询，如图 5-22 所示。

事件信息为手动添加，单击"添加事件"按钮，系统会自动添加一条默认的事件，在相应的表格内直接修改事件名称和状态即可。

中文机内最多存储 254 个事件信息，在界面的上方有数量提示。

（4）棒号设置

此选项用来对棒号进行设置，以便用于日后对巡查情况的查询，如图 5-23 所示。

图 5-22 "事件设置"界面

把巡查器和计算机连接好,将巡查器设置成"正在通信"状态,单击"采集数据"按钮,软件会自动存储数据。数据采集结束后,可在相应表格内修改名称,修改完毕退出即可。

图 5-23 "棒号设置"界面

(5) 系统设置

在第一次进入软件后,应首先对系统进行设置。系统设置分为基本信息写入、权限用户密码管理和巡查器设置三块。如图 5-24 所示,在此可输入授权公司名称、选择系统使用的串口号(COM3),并可在此对权限密码进行修改,修改完毕单击"保存"按钮即可。

图 5-24 "系统设置"对话框

注意:巡查器与计算机是用 USB 口传输的,默认使用的串口号为 COM3(具体情况可到设备管理器中查询),在系统设置完毕后请重新登录巡查系统。

3. 设置功能

(1) 线路设置

单击"设置功能→线路设置",首先要在"线路设置区"添加线路名称,然后在"地点钮操作区"选择一条线路,选择此线路需要巡查的地点,然后单击"导入线路"按钮,右侧的列表框中便会出现线路设置情况。在"到达下一地点时间"栏中可以修改从一个巡查地点到下一个地点所需要的时间。单击"线路预览"按钮可对线路设置情况进行查看,如图 5-25 所示。

(2) 计划设置

根据实际情况输入计划名称,然后选择该计划对应的线路,设置相应的时间后,单击"添加计划"按钮。计划被保存后,在右侧的表格内会有相应的显示,如图 5-26 所示。表格内的数据不能修改,若需要修改,可以删除某条计划后再重新添加。

设置的计划包括两种模式:有序计划和无序计划。

项目五　电子巡查系统的安装与调试

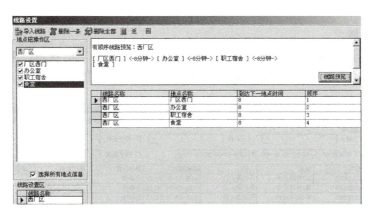

图 5-25　"线路设置"对话框

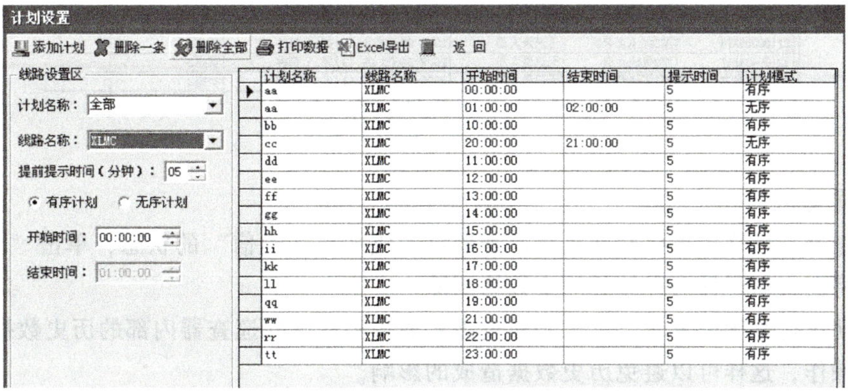

图 5-26　计划设置

1）有序计划：只设置开始时间，在计划执行的巡逻过程中，线路中第一个点到达的时间就是开始时间，第二个点的到达时间是第一个点的开始时间加上线路设置中设置的"到达下一地点时间"。这样可依次得到以后每个点到达的准确时间。

2）无序计划：要设置开始时间和结束时间，只要是在设置的这段时间内巡逻了，就是符合要求的。虽然中文机中有巡逻的次序，但是软件考核时不用按次序，只要到达了，就是合格的。

（3）下载档案

若修改过人员、地点或者事件信息，请重新下载数据到中文机中，这样能保证软件中设置的数据与中文机的数据实时保持一致。

下载计划时，首先要设置中文机为"正在通信"状态，然后选择要下载的计划，单击"下载数据"按钮即可，如图 5-27 所示。

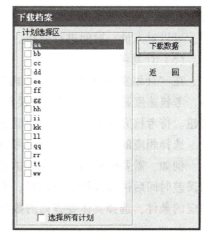

图 5-27　下载档案

4. 数据操作

(1) 数据采集

将巡查器与计算机连接好并且将巡查器设置成“正在通信”的状态，单击“采集数据”按钮，软件会自动提取巡查器内的数据并保存到数据库中，如图 5-28 所示。

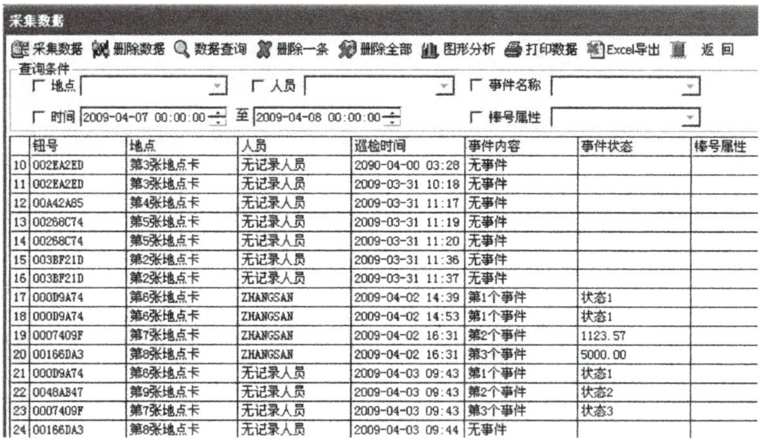

	钮号	地点	人员	巡检时间	事件内容	事件状态	棒号属性
10	002EA2ED	第3张地点卡	无记录人员	2090-04-00 03:28	无事件		
11	002EA2ED	第3张地点卡	无记录人员	2009-03-31 10:18	无事件		
12	00A42A85	第4张地点卡	无记录人员	2009-03-31 11:17	无事件		
13	00268C74	第5张地点卡	无记录人员	2009-03-31 11:19	无事件		
14	00268C74	第5张地点卡	无记录人员	2009-03-31 11:20	无事件		
15	003BF21D	第2张地点卡	无记录人员	2009-03-31 11:36	无事件		
16	003BF21D	第2张地点卡	无记录人员	2009-03-31 11:37	无事件		
17	000D9A74	第6张地点卡	ZHANGSAN	2009-04-02 14:39	第1个事件	状态1	
18	000D9A74	第6张地点卡	ZHANGSAN	2009-04-02 14:53	第1个事件	状态1	
19	0007409F	第7张地点卡	ZHANGSAN	2009-04-02 16:31	第2个事件	1123.57	
20	00166DA3	第8张地点卡	ZHANGSAN	2009-04-02 16:31	第3个事件	5000.00	
21	000D9A74	第6张地点卡	无记录人员	2009-04-03 09:43	第1个事件	状态1	
22	0048AB47	第9张地点卡	无记录人员	2009-04-03 09:43	第2个事件	状态2	
23	0007409F	第7张地点卡	无记录人员	2009-04-03 09:43	第3个事件	状态3	
24	00166DA3	第8张地点卡	无记录人员	2009-04-03 09:44	无事件		

图 5-28 数据采集

(2) 删除数据

将巡查器与计算机连接好并且将巡查器设置成“正在通信”的状态，单击“删除数据”按钮可以将巡查器硬件内存储的历史数据删除。

在前期进行基础设置时，可以先通过该界面采集并删除巡查器内部的历史数据，然后再进行设置操作，这样可以避免历史数据造成的影响。

(3) 删除一条、删除全部

该操作是针对软件而言，是删除软件数据库内对应的历史数据，与巡查器无关。

(4) 图形分析

软件可对记录进行图形分析，方便用户直观地查看各人员或地点的巡查情况。

具体操作如下：单击“数据查询”按钮，查询出相应条件的数据，然后单击“图形分析”按钮，弹出图 5-29 所示界面。单击“地点分析”按钮，系统会自动显示分析图表。同理，可以对人员、时间进行分析。

(5) 计划考核

在“计划实施时间”选项组内选择一段要考核的时间范围（尽量选择小范围，范围越小，考核速度越快），给定一个误差时间（误差时间对于无序计划无效），单击“计划实施”按钮。待考核完毕后，表格内会显示相应的考核情况。“未到”的状态栏会以红色显示。

选择相应的查询条件可以对考核的数据进行检索，查找出需要的数据。

例如，需要分析 2009-07-01 的数据，误差时间为 10min。则选择相应的开始、结束时间和误差时间后进行分析，分析后，在“线路查询区”选项组内选择需要查询的条件（勾选相应的条件，选择具体要查询的数据），单击“数据查询”按钮即可，如图 5-30 所示。

5. 数据库管理

(1) 数据库备份

项目五 电子巡查系统的安装与调试

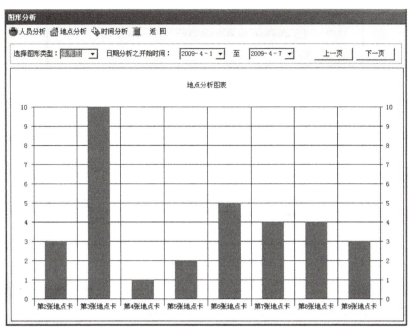

图 5-29　图形分析

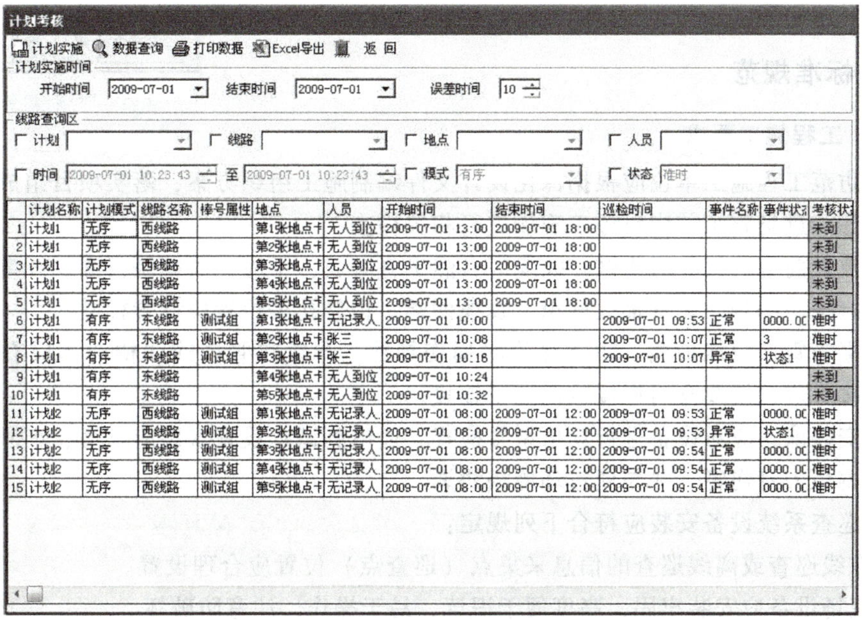

图 5-30　计划考核

此功能用于对数据库进行备份，以供日后恢复数据库使用。单击"数据操作→备份数据库"会出现图 5-31 所示界面，这时用户可根据日期给文件命名，方便以后查询。

（2）数据库还原

用户可根据自己的需要选择需要还原的时间段，将备份的数据进行还原。但之前的数据会丢失，要小心使用。

155

图 5-31　数据库备份

（3）数据初始化

通过数据初始化可以把软件中设置的信息恢复为初始化状态，如图 5-32 所示。

选择要初始化的项目名称，单击"确定"按钮后系统则自动将该项目初始化。

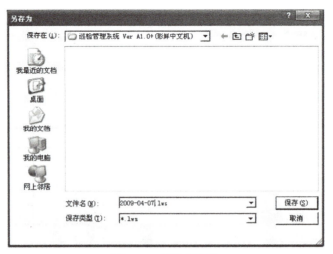

图 5-32　数据初始化

三、标准规范

（一）工程施工要求

安全防范工程施工单位应根据深化设计文件编制施工组织方案，落实项目组成员，并进行技术交底。进场施工前应对施工现场进行相关检查。

线缆敷设前应进行导通测试。线缆应自然平直布放，不应交叉缠绕打圈。线缆接续点和终端应进行统一编号、设置永久标识，线缆两端、检修孔等位置应设置标签。

线缆穿管管口应加护圈，防止穿管时损伤导线。导线在管内或线槽内不应有接头或扭结。导线接头应在接线盒内焊接或用端子连接。

设备安装前，应对设备进行规格型号检查、通电测试。设备安装应平稳、牢固、便于操作维护，避免人身伤害，并与周边环境相协调。

电子巡查系统设备安装应符合下列规定：

1）在线巡查或离线巡查的信息采集点（巡查点）位置应合理设置。

2）现场设备应安装牢固，高度便于识读、易于操作，注意防破坏。

（二）系统调试要求

系统调试前，应根据设计文件、设计任务书、施工计划编制系统调试方案。系统调试过程中，应及时、真实填写调试记录。系统调试完毕后，应编写调试报告。系统的主要性能、性能指标应满足设计要求。

系统调试前，应检查工程的施工质量，查验已安装设备的规格、型号、数量、备品备件等。

电子巡查系统调试应至少包含下列内容：
1）识读装置、采集装置、管理终端等。
2）巡查轨迹、时间、巡查人员的巡查路线设置与一致性检查。
3）巡查异常规则的设置与报警验证。
4）巡查活动的状态监测及意外情况的及时报警。
5）数据采集、记录、统计、报表、打印等。
6）电子巡查系统的其他功能。

（三）工程质量验收

表 5-2 为电子巡查系统分项工程检验质量验收记录表。

表 5-2 电子巡查系统分项工程检验质量验收记录表

工程名称			分项工程名称		验收部位	
施工单位			专业工长		项目经理	
施工执行标准名称及编号						
分包单位			分包项目经理		施工班组长	
质量验收规范的规定				检测记录		备注
主控项目	1	系统设备功能	巡查终端			
			读卡器			
	2	现场设备	接入率			
			完好率			
	3	巡查管理系统	编程、修改功能			
			撤防、布防功能			
			系统运行状态			
			信息传输			
			故障报警及准确性			
			对巡查人员的监督和记录			
			安全保障措施			
			报警处理手段			
	4	联网巡查管理系统	电子地图显示			
			报警信号指示			
	5	联动功能				
施工单位检查评定结果						
				项目专业质量检查员： 年 月 日		
监理（建设）单位验收结论						
				监理工程师 （建设单位项目专业技术负责人） 年 月 日		

（四）技术标准规范

1）《智能建筑设计标准》（GB 50314—2015）。

2）《智能建筑工程质量验收规范》（GB 50339—2013）。

3）《安全防范工程技术标准》（GB 50348—2018）。

4）《建筑电气工程施工质量验收规范》（GB 50303—2015）。

5）《电子巡查系统技术要求》（GA/T 644—2006）。

（五）系统发展趋势

国内电子巡查领域知名的高新技术企业开发了彩屏带拍照功能的中文巡查机，使巡查人员在遇到异常情况时（如有偷盗行为等），可以将事故现场拍照记录，以作为证据，使巡查工作不仅仅限于监督，而使它参与到更多的管理中去。随着我国信息技术迅猛发展和5G网络的率先推广应用，微信二维码巡查、手机巡查和云巡查应用等不断推陈出新，技术水平已经赶超国外同类产品。

工作任务

一、任务导入

俪池新天地高档住宅小区共计公寓楼13栋，别墅楼24栋，如图5-33所示。为了有效实现人防与物防相结合，必须由专人巡查较重要的地点，对小区实行24h的定期巡查，以处理突发事件。为了保证每个保安人员都能尽职尽责，在合理设定的时间内按时、按路线进行巡查，确保工作严密有效，在发生突发事件时能尽快反应，同时也为了保障保安人员的安全，必须在大楼设立行之有效的保安规范措施。

采用电子巡查系统可实现人防与技防的有机结合，有效地增强对保安人员的管理。系统利用设置在大楼各重要部位的电子巡查按钮进行巡查。

巡查点主要设置在每个楼层、地下停车场及大楼外主要通道等人员来往较为频繁的区域和重要位置。在监控中心通过计算机巡查管理软件对保安巡查情况进行管理，对保安人员的巡查线路、巡查时间进行查询，对保安人员的巡查工作进行监督，实现技防督促人防、技防和人防相补充的安保体系，保证大楼内的安全和便于物业对保安人员的管理。

电子巡查的实现：巡查路线上设置巡查点，保安人员在此路线上按指定的时间到达巡查点，不能迟到，不能绕道，巡查员每抵达一个巡查点，必须采集巡查点的信息，以便控制中心了解巡查线路情况。

系统设计采用离线式电子巡查系统。具体任务如下：

1）根据小区结构选择电子巡查系统类型。

2）对小区进行现场勘查，列出巡查点统计表，并确定巡查路线。

3）根据物业条件确定巡查计划（时间、次数、班次等）。

项目五　电子巡查系统的安装与调试

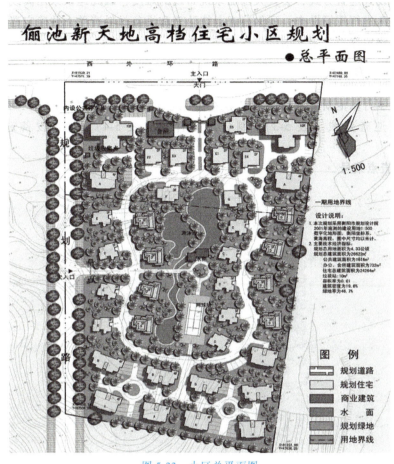

图 5-33　小区总平面图

4）用表格形式列出所需要的设备材料清单（名称、型号、规格、数量）。

5）以实训条件结合方案中某一巡查计划进行信息钮安装、巡查计划执行和数据采集与分析等工作。

二、任务分析

保安巡查路线的合理设置是决定巡查系统能够有效运行的重要保障。根据大楼的分布情况，结合小区未来保安人员的配备情况，巡查系统建议采用分区设置的方式。在小区内划分巡查路线，保安中心通过保安人员的职责分工，实现保安人员和分区对应的管理方式，明确保安人员的责任，减少大型小区管理中因人员责任不明确或工作互相推诿引起的安全事故。

系统由中央控制设备、手持式信息采集器、巡查信息点等组成。保安人员巡查时手持信息读取器读取巡查信息点的资料，记录到达该点的地址和时间，巡查结束后将信息采集器中的信号传回中央控制站，无需布线。在线式巡查系统能实时反映保安人员的巡查情况，系统造价较高；而离线式巡查系统无需布管线，无信号衰减问题，适合面积较大、较复杂的场所，系统具有较高的性价比。综合考虑项目的具体情况，各区块的面积相对较大，地形较复杂，若采用在线式巡查方式，会大大增加系统布线的难度，因此建议采用离线式巡查方式。

首先对小区进行现场勘查，列出巡查点统计表和设备材料清单，并确定巡查路线；然后根据物业条件确定巡查计划（时间、次数、班次等）；最后执行巡查并进行计划考核。

三、任务决策

分组讨论制订俪池新天地高档住宅小区电子巡查系统设计方案，在图 5-34 上标记巡查点编号，确定巡查路线（表 5-3），制订巡查计划（表 5-4），填写设备选型及配置表（表 5-5）。

（一）巡查点编号

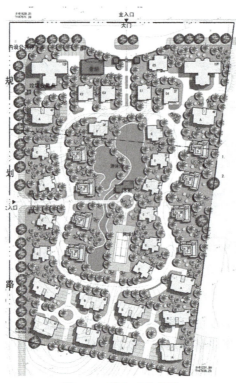

图 5-34 巡查点编号图

（二）巡查路线确定

表 5-3 巡查路线表

序号	巡查路线名称	巡查时经过的巡查点	备注
1			
2			
3			
4			
5			
6			

（三）巡查计划

表 5-4　巡查计划表

序号	计划内容	线路	巡查时间
1			
2			
3			

（四）设备选型及配置

表 5-5　设备选型及配置表

序号	名称	型号与规格	数　量
1	巡查点		
2	巡更棒		
3	巡查软件		

一、工作计划

学习施工流程图，分组讨论并制订工作计划，填写工作计划表（表 5-6）。

表 5-6　电子巡查系统工作计划表

流水号	工作阶段	备注	资料清单	工作成果
1	系统基本配置			
2	地点采集命名			
3	巡查地点安装			
4	巡查路线计划			
5	巡查调试记录			
6	系统验收记录			

二、材料清单

根据制订的电子巡查系统设计方案列举任务实施中需要用到的材料，填写材料清单表，见表 5-7。

表 5-7　材料清单表

序号	设备名称	数量	备注
1	人员钮		
2	地点钮		
3	巡更棒		
4	巡查软件		

任务实施

一、参数设置

根据设计方案在软件系统中完成设置,并在人员钮和地点钮中贴上标签。完成后进行小组互查,填写参数设置检查表,见表5-8。

1) 系统设置:基本信息写入和权限用户密码管理。
2) 人员设置:对巡查人员进行设置。
3) 事件设置:在对应的编号后写上对应的事件名称。
4) 棒号设置:将巡查器的棒号输入到软件中,以便识别。
5) 地点设置:对巡查地点进行设置。
6) 线路设置:对巡查线路进行设置。
7) 计划设置:对巡查进行计划设置(采用无序计划)。

表5-8 参数设置检查表

序号	名称	检查人	参数设置检查	标签检查
1	系统设置			
2	人员设置			
3	事件设置			
4	棒号设置			
5	地点设置			
6	线路设置			
7	计划设置			

二、器件安装

在网孔板上模拟安装地点钮。安装完成后进行小组互查,填写元器件安装检查表,见表5-9。

表5-9 元器件安装检查表

名称	负责人	安装位置检查	安装可靠性检查
地点钮			

三、巡查记录查询与考核

根据设计方案采用设定的巡查计划执行巡查任务。巡查完成后采集数据,对巡查结果进行查询和考核,分组填写巡查记录查询与考核检查表(表5-10)。

表5-10 巡查记录查询与考核检查表

序号	名称	负责人	检查确认	备注
1	数据采集			
2	数据查询			
3	图形分析			
4	无序计划实施			

四、工作记录

回顾电子巡查系统安装与调试项目的工作过程,填写工作记录表,见表 5-11。

表 5-11 电子巡查系统工作记录表

项目名称	电子巡查系统的安装与调试		
日期:_____年_____月_____日		记录人:_____	
工作内容:			
资料/媒体:			
工作成果:			
问题解决:			
需要进一步处理的内容:			
小组意见:			
日期:		学生签字:	
日期:		教师签字:	

任务验收

根据表 5-12 所列调试项目进行电子巡查系统安装与调试的验收,完成三方评价。

表 5-12 电子巡查系统安装与调试验收记录表

	项 目		评定记录			
			自评	组评	师评	总评
1	巡查点	安装位置				
		安装质量				

（续）

项　目			评定记录			
			自评	组评	师评	总评
2	软件设置	系统设置				
		人员设置				
		事件设置				
		棒号设置				
		地点设置				
		线路设置				
		计划设置				
		地图设置				
3	记录查询与考核	数据采集				
		数据查询				
		图形分析				
		无顺序计划实施				
4	数据操作	数据库备份				
		数据库还原				
5		职业素养				
6		安全文明				

小组意见：

组长签字：　　　　　　　　　　　　　　　　教师签字：

日期：　　　　　　　　　　　　　　　　　　日期：

▶ 工作评价

根据电子巡查系统项目完成情况，由小组和教师填写工作评价表，见表5-13。

表5-13　电子巡查系统安装与调试工作评价表

学习小组		日期	
团队成员			
评价人	□ 教师　　□ 学生		

1. 获取信息

评价项目	记录	得分	权重	综合
专业能力			0.45	
个人能力			0.1	
社会能力			0.1	
方法和学习能力			0.35	
得分（获取信息）			1	

(续)

2. 决策和计划

评价项目	记录	得分	权重	综合
专业能力			0.45	
个人能力			0.1	
社会能力			0.1	
方法和学习能力			0.35	
得分(决策和计划)			1	

3. 实施和检查

评价项目	记录	得分	权重	综合
专业能力			0.45	
个人能力			0.1	
社会能力			0.1	
方法和学习能力			0.35	
得分(实施和检查)			1	

4. 评价和反思

评价项目	记录	得分	权重	综合
专业能力			0.45	
个人能力			0.1	
社会能力			0.1	
方法和学习能力			0.35	
得分(评价和反思)			1	

课后作业

1. 请简述离线式电子巡查系统组成。
2. 请简述离线式电子巡查系统的工作原理。
3. 采集巡查器数据后，巡查器内的数据应如何处理？
4. 请叙述无序计划和有序计划的区别和设置方法。
5. 对于电子巡查系统任务分析、决策、计划、实施、检查和评价过程中发现的问题进行归纳，列举改进和优化措施。
6. 列举电子巡查系统的应用场所。
7. 离线式电子巡查系统有哪些优点？
8. 请说明巡查点信息钮的安装方式。
9. 巡查系统的调试要求有哪些？
10. 巡查系统安装与调试验收记录表有哪些内容？

项目六 停车库（场）管理系统的安装与调试

 学习目标

1. 了解停车库（场）管理系统的功能概述、应用场合、系统组成和主要设备功能等内容。
2. 能够根据客户需求进行方案设计，绘制系统图。
3. 能够进行停车库（场）管理系统设备选型及配置建议。
4. 能够进行停车库（场）管理系统设备安装、接线和调试。
5. 能够进行停车库（场）管理系统管理软件参数设置和调试。
6. 了解停车库（场）管理系统项目功能检查与规范验收。
7. 养成自觉遵守和运用标准规范、认真负责、精益求精的工匠精神。
8. 养成职业规范意识和团队意识，提升职业素养。

 知识准备

一、应用现场

停车库（场）管理系统是对人员和车辆进、出停车库（场）进行登记、监控以及人员和车辆在库（场）内的安全实现综合管理的电子系统。它通过采集记录车辆出入记录、场内位置实现车辆出入和场内车辆动态和静态的综合管理；通过管理软件完成收费策略实现、收费账务管理、车道设备控制等功能，如图6-1和图6-2所示。

停车库（场）管理系统集感应式智能卡技术、计算机网络、视频监控、图像识别与处理及自动控制技术于一体，对停车库（场）内的车辆进行自动化管理，包括车辆身份判断、出入控制、车牌自动识别、车位

图6-1 停车库（场）出入口

检索、车位引导、会车提醒、图像显示、车型校对、时间计算、费用收取及核查、语音对讲、防砸车、自动取（收）卡等系列科学、有效的操作。

系统按联网模式可分为不联网模式、联网模式，按出入口数量和层次可分为单出入口、单区域多出入口、多区域或嵌套区域多出入口模式，按管理功能可分为不计费、计费模式，

项目六 停车库（场）管理系统的安装与调试

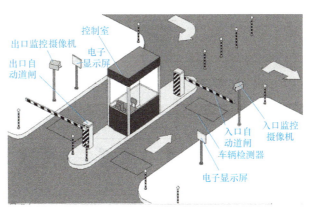

图 6-2 停车库（场）示意图

按读卡距离远近分近距离停车场管理系统（读卡距离在 10cm 以内）、中距离停车场管理系统（读卡距离在 80cm 左右）和远距离停车场管理系统（读卡距离为 1~50m 可调）。

感应卡计费停车库（场）管理系统工作流程（图 6-3）如下：

1) 进场时，如果是临时卡，则驾驶人自己取卡，道闸开启，车辆通行。
2) 出场时，如果是固定卡，直接刷卡进出。
3) 出场时，如果是临时卡，收费员收费后开闸放行。
4) 车辆无论进或者出，在开启道闸的瞬间，摄像头拍照记录。
5) 车辆通过道闸后，道闸自动落杆。

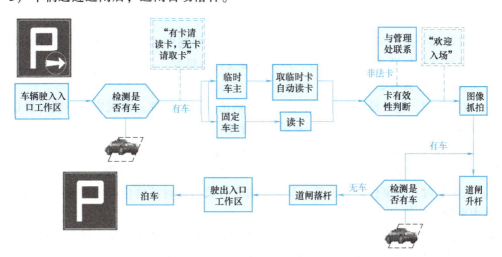

图 6-3 感应卡计费停车库（场）管理系统工作流程

二、知识导入

（一）系统组成

停车库（场）管理系统主要由中央管理部分、入口部分、库（场）区部分和出口部分组成，如图 6-4 和图 6-5 所示。

图 6-4 停车库（场）管理系统组成

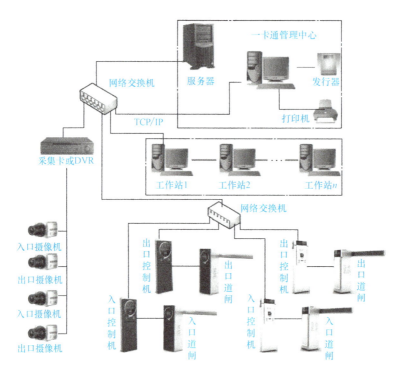

图 6-5 停车库（场）管理系统组成示意图

1. 中央管理部分

中央管理部分是停车库（场）管理系统的管理与控制中心。中央管理执行设备主要包含车辆身份信息授权设备、传输部分、声光设备及打印机等。

中央管理部分具有如下功能。

1）权限管理：包含操作人员权限管理和车辆出入授权管理。系统应对车辆身份信息的录入、授权、变更、注销、延期、挂失等进行管理。

2）数据管理：实现对出/入场车辆事件、操作管理事件、出/入口设备工作状态等信息管理，完成系统信息的查询、统计、打印以及数据的备份、恢复等功能。

3）系统校时：与事件记录、显示及识别信息有关的计时部件应有时钟校准功能，校准发起由中央管理单元完成。

4）图像比对：能在同一界面上显示车辆和/或驾驶人的出入图片，提供比对以判断允许或禁止车辆通行。

5）车牌自动识别：通过车辆自动识别模块实现车辆特征信息（如车辆号牌）的自动识别功能。

6）凭证抓拍：车辆出场时，利用图像获取设备采集并保存用户凭证的图像信息。

7）收费管理：对于收费停车库（场），按照预置的收费标准和收费模式进行计费，并输出相应报表，可打印相关收费信息作为缴费凭证，包括出口收费和集中收费。

8）系统报警提示：当识读到未授权的车辆标识、未经正常操作而使出入口挡车器开启、通信发生故障或出卡机缺卡、塞卡时，系统可报警。报警信号传输可采用有线/无线方式。

2. 出/入口部分

入口部分主要由识读、控制、执行三部分组成。可根据安全防范管理的需要扩充自动出卡/出票设备、识读/引导指示装置、图像获取设备、对讲设备等。

出口部分的设备组成与入口部分基本相同，主要由识读、控制、执行这三部分组成。但其扩充设备有所不同，主要有自动收卡/验票设备、收费指示装置、图像获取设备、对讲设备等。

出/入口部分具有如下功能。

1）系统自检和故障指示：表明其工作正常的自检和故障指示功能。

2）挡车功能：通过自动或人工控制挡车器允许/禁止车辆通行的功能，并具有防砸车功能。

3）应急开启/关闭：在停电或系统不能正常工作时，可以手动开启和/或关闭挡车器。

4）手动开启记录：在未按规定流程识别车辆标识或车辆标识识别失败的情况下，能手动开启挡车器，系统应自动记录发生时间、出/入通道号、操作员等信息。

5）防暴防冲撞：通过增加防护装置，可防止车辆冲撞系统设备；通过安装强力的挡车设备，系统可防止车辆强行通过挡车器。

6）复合识别：系统对某目标的出入行为采用两种或两种以上的信息识别方式，并进行逻辑判断。

7）自动出/收卡：通过自动出/收卡设备实现 IC 卡、ID 卡或条形码卡的自动发放/回收。

8）对讲功能：出/入库（场）车辆的驾驶人通过对讲系统能与操作（或管理）人员进行及时有效的沟通。

3. 库（场）区部分

库（场）区部分一般由车辆引导装置、视频安防监控系统、电子巡查系统、紧急报警系统等组成，应根据安全防范管理的需要选用相应系统，如图 6-6 所示。

图 6-6 停车库（场）区部分

库（场）区部分具有如下功能。

1）车位信息显示：通过车位显示装置显示停车场车辆数或满位等状态。

2）车辆引导：通过车辆引导装置实现库（场）内剩余车位数或满位指示，或实现分区域车位数指示引导，或实现每个车位的指示引导。

3）系统联动：具有接收与其相连的视频安防监控系统发出的信号并执行的能力，也可以向与其相连的视频安防监控系统发出控制信号；具有接收与其相连的紧急报警系统发出的信号并执行的能力，也可以向与其相连的紧急报警系统分别发出控制信号。

（二）主要设备

停车库（场）主要设备包括停车场控制机、自动道闸、车辆感应器、车辆检测器（地感线圈）、自动吐卡机、远距离读卡器、感应卡（有源卡和无源卡）、通信适配器、摄像机、传输设备、停车场系统管理软件等，如图 6-7 所示。

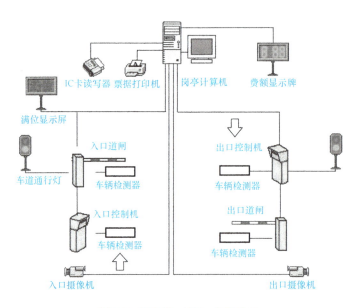

图 6-7　停车库（场）主要设备

1. 出入口控制机

停车场出入口控制机（图 6-8）是停车场出入口的核心控制部分，停车场出入口控制机接收读卡器信号、地感信号、取卡信号，控制显示屏，控制发卡机/收卡机，控制语音模块，控制道闸的升降，与 PC 管理软件交互。控制机同时具备出卡、出票功能，能够适应同时管理停车场月卡车和临时车，能自动感应出入卡、支持自动出票，可实现出入口无人化管理模式。

图 6-8　出入口控制机

2. 道闸

道闸（图 6-9）又称为挡车器，是专门用于限制机动车行驶的通道出入口管理设备，现广泛应用于停车场通道，用于管理车辆的出入。自动道闸可单独通过无线遥控实现起落杆，也可通过停车场管理系统实行自动管理，入场时，取卡放行车辆；出场时，收取停车费后自动放行车辆。

图 6-9　自动道闸

3. 地感线圈车辆检测器

地感线圈车辆检测器（图 6-10 和图 6-11）是一种基于电磁感应原理的车辆检测器，线圈用作数据采集，检测器用于实现数据判断，并输出相应逻辑信号。它通常在同一车道的道路路基下埋设环形线圈，通以一定工作电流，作为传感器。当车辆通过该线圈或者停在该线圈上时，车辆上的铁质将会改变线圈内的磁通，引起线圈回路中电感量的变化，检测器通过检测该电感量的变化来判断通行车辆状态。图 6-12 所示为地感线圈施工图。

图 6-10　车辆检测器和绝缘导线

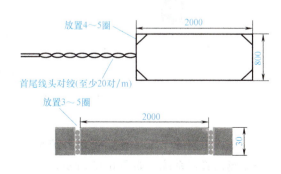

图 6-11　标准地感线圈切割尺寸图

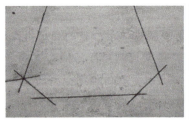

图 6-12　地感线圈施工图

4. 收费管理设备

收费管理设备（图 6-13）可实现监控出入口设备通信、系统数据储存及计算机通信等功能。

5. LED 显示屏

停车库（场）常用的 LED 显示屏有剩余空车位显示屏和金额信息显示屏，如图 6-14 所示。

图 6-13　收费管理设备　　　　　图 6-14　剩余空车位显示屏和金额信息显示屏

（三）系统结构图

感应卡停车库（场）管理系统是一种入口人工（或自动）发卡管理临时车、月卡车自助读卡进出停车场的管理系统，如图 6-15 所示。

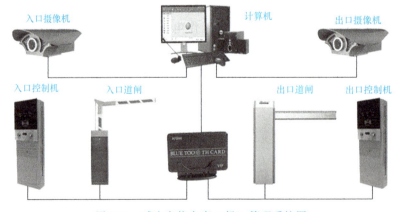

图 6-15　感应卡停车库（场）管理系统图

车牌识别停车库（场）管理系统是实现时租收费与月租管理、免取卡票、不停车进出停车场的管理系统，如图 6-16 所示。

停车库（场）管理系统框图如图 6-17 所示。

项目六 停车库（场）管理系统的安装与调试

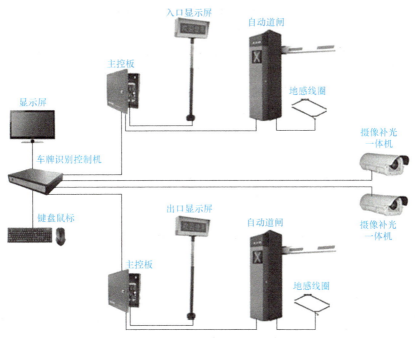

图 6-16 车牌识别停车库（场）管理系统图

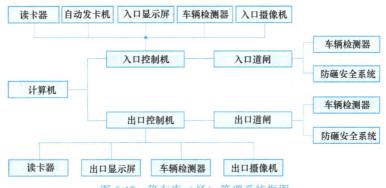

图 6-17 停车库（场）管理系统框图

（四）施工流程图

停车库（场）管理系统施工流程图如图 6-18 所示。

（五）设备选型原则

停车库（场）管理系统设计应体现规范性与适应性、实用性与先进性、准确性与实时性、兼容性与扩展性、开放性与安全性。出入控制设备选型要根据用户需求和以下功能和技术要求。

1. 基本要求

设备接收识读部分传来的车辆出入凭证识别、车辆检测等信息，经过核实处理后，应具有控制执

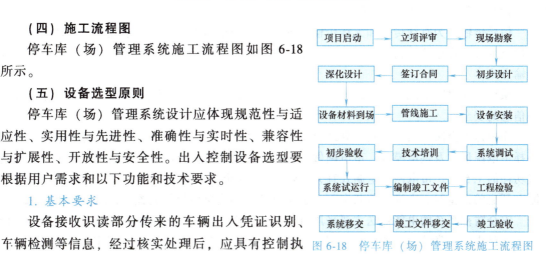

图 6-18 停车库（场）管理系统施工流程图

173

行设备允许/禁止车辆通行的功能，并具有通知其他相应设备的功能。

设备在连接停车库（场）管理系统中央管理部分的情况下，应具有初始化功能；具有设备工作状态的自检及相应的指示功能；能通过中央管理部分对设备进行时钟校准；支持通过识读部分识别一种及以上车辆出入凭证；及时向中央管理部分上传出入事件、设备状态等信息；接收并执行中央管理部分发出的授权、控制、设备设置等指令。

设备在脱离停车库（场）管理系统中央管理部分独立工作的情况下，应保存最新的车辆出入事件记录。

2. 防重入重出

设备在连接中央管理部分的情况下，应具有防重入重出功能；设备在脱离中央管理部分独立工作的情况下，也应具有防重入重出功能。

3. 手动开启记录

在未按规定流程识别车辆标识或车辆标识识别失败的情况下，能手动开启挡车器，系统应自动记录发生时间、出入通道号、操作员等信息。

4. 提示

当识读到未授权的车辆出入凭证、已设定须报警的车辆出入凭证，或者未经正常操作而使出入口挡车器开启，未经正常流程操作车辆强行出入，未经授权打开控制设备外壳，发车辆出入凭证装置中凭证容量不足或堵塞时，设备宜发出警示信息。

具有文字显示功能的设备应提供简体中文显示，具有语音提示功能的应提供普通话语音提示。

5. 发/收车辆出入凭证

当配置发/收车辆出入凭证装置时，设备在通过车辆检测器感知到车辆，才允许发/收车辆出入凭证装置发放/回收车辆出入凭证；在接收到系统的指令，控制发/收车辆出入凭证装置发放/回收车辆出入凭证。设备能采集执行设备状态，获取允许或禁止通行状态信息。

6. 性能要求

控制设备的计时精度应不低于10s/d；从设备获取车辆出入凭证完整的识别信息开始至向执行设备输出控制信号的时间，在自动核准的情况下，不大于1.8s；从设备接收到取车辆出入凭证的有效信号开始至发出车辆出入凭证的时间不大于2s。

（六）系统传输和供电方式

信号传输分为有线传输和无线传输两种方式。应根据系统规模、系统功能、现场环境和管理要求选择合适的传输方式，保证信号传输的稳定、准确、安全和可靠。应优先选用有线传输方式。

系统可通过有线或无线方式实现对各种信号/数据的传输，且具备自检功能，并保证传输信息的安全性。

应根据安全防范诸多因素，并结合安全防范系统所在区域的风险等级和防护级别，合理选择主电源形式及供电模式。市电网做主电源时，电源容量应不小于系统或所带组合负载满载功耗的1.5倍。市电网供电制式宜为TN-S制。安全等级4级的出入口控制点执行装置为断电开启的设备时，在满负荷状态下，备用电源应能确保该执行装置正常运行不小于72h。

安全防范系统的电能输送主要采用有线方式的供电线缆。按照路由最短、汇聚最简、传输消耗最小、可靠性高、代价最合理、无消防安全隐患等原则对供电的能量传输进行设计，确定合理的电压等级，选择适当类型的线缆，规划合理的路由。

（七）系统实训模块

1. 停车库管理系统实训模块

停车库管理系统实训模块由出入口控制机、读卡器、感应卡、道闸、摄像机、满空位显示屏、出口收费显示屏、票箱地感线圈、防砸地感线圈、复位地感线圈、对讲机、发卡器、手动道闸开关、音箱、网控器、模型车、停车场收费管理计算机、停车场收费管理软件等组成，如图6-19所示。表6-1为设备清单。

图 6-19　停车库管理系统实训模块

表 6-1　停车库（场）管理系统设备清单

序号	名　称	品牌	型号
1	入口控制机	大手	PIC-910A
2	入口道闸	大手	PAB-40B-B
3	车辆检测器	大手	PVD-1-12
4	中远距离读卡器	大手	PLR-P100
5	出口控制机	大手	POC-910A
6	出口道闸	大手	PAB-40B-B
7	车辆检测器	大手	PVD-1-12
8	可脱机管理机	大手	PCC—500E
9	扫描枪	大手	BCG01-CCD
10	系统软件	大手	ParkMagNet
11	ID 卡	—	CD-EM4100HF

2. 实训模块接线图

实训模块接线图如图6-20所示。

3. 实训模块默认参数

（1）停车场收费系统管理中心

用户名：Admin

密码：123

（2）停车场收费系统客户端

用户名：Admin

密码：123

（3）控制器编程密码

1234

（4）入口读卡器 ID 号

ID：1

Serial：05460061

（5）出口读卡器 ID 号

ID：5

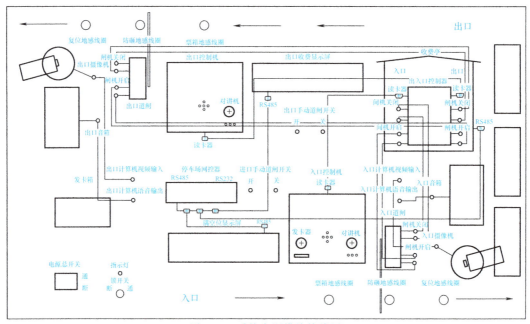

图 6-20 系统实训模块接线图

Serial：05290281

（6）入口显示器地址号

001

（7）出口显示器地址号

002

(八) 管理中心软件应用

1. 操作员密码与权限

单击菜单"登录→设置"，即弹出"操作员设置"对话框，如图 6-21 所示。

图 6-21 "操作员设置"对话框

在该对话框中可修改现有管理员的权限，先单击"修改"按钮，再单击"增加"或"删除"按钮，可增加和删除操作员。

2. 备份资料数据库

单击菜单"数据库→备份资料数据库"，可将停车场资料数据库备份为 DataBack 文件。

3. 还原资料数据库

单击菜单"数据库→还原资料数据库"，可将停车场资料数据库文件 DataBack 恢复到系统中去。

4. 车场信息

单击菜单"数据库→车场信息"，即弹出"停车场设置"对话框，如图 6-22 所示。

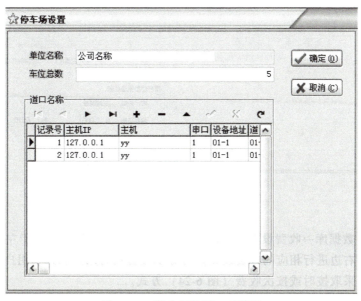

图 6-22 "停车场设置"对话框

在对话框中输入单位名称、车位总数（注：单位名称及车位总数为必填项），还可以设置每个道口的名称。

5. 车主资料

单击菜单"数据库→档案设置"，即弹出"车主资料"对话框，如图 6-23 所示。在修改该对话框中的车主资料记录前要先单击"修改"按钮，使待修改的记录变蓝，表示可以进行修改、增加、删除操作。其中，"卡编号"为固定栏不能改动，"卡内码"栏可以通过键盘口发卡器刷卡输入，也可以手动输入，卡编号及卡内码不能重复。

在"用户名"栏中输入用户姓名，如果是临时用户则不用输入。其他栏目为辅助资料，可以不输入。

要增加临时用户，先将车停在入口或出口的控制机下，当指示灯亮起时，取一张新卡刷卡，再单击"增加"按钮，可增加一个用户（也可单击其边上的小三角批量增加 5 笔、10 笔或 100 笔），同时卡的内码也会自动输入，这一张卡变为有效卡，将这张卡再刷一下，道闸就能开启。

要增加月租用户，先将车停在入口或出口的控制机下，当指示灯亮起时，取一张新卡刷卡，再单击"增加"按钮，可增加一个用户，同时卡的内码也会自动输入，然后将"用户名"栏中的新用户改为用户的实际名字。再次选中新增的用户栏，就会出现该栏的用户类别选择框，从中选择月租用户即可。重启停车场管理中心软件就能刷新为月租用户。这一张卡变为有效月卡，将这张卡再刷一下，道闸就能开启。

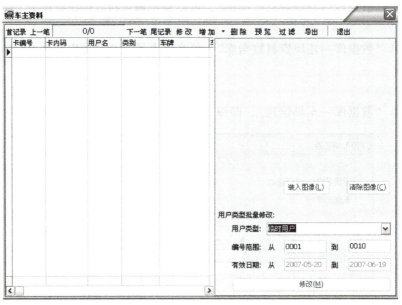

图 6-23 "车主资料"对话框

6. 收费设置

单击菜单"数据库→收费设置"，即弹出"收费设置"对话框。对于左边列表中的每类用户，都可以在右边进行相应的收费设置。可分别设置临时用户和月租用户的收费价格。

临时用户可采取按时或按次收费（图 6-24）方式。

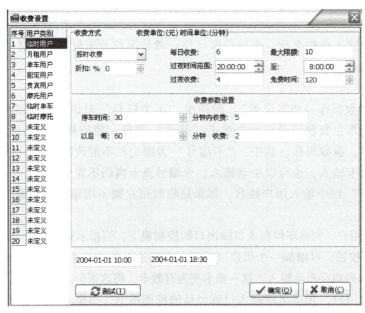

图 6-24 "收费设置-临时用户"对话框

月租用户可采取按时或按月收费（图 6-25）方式。

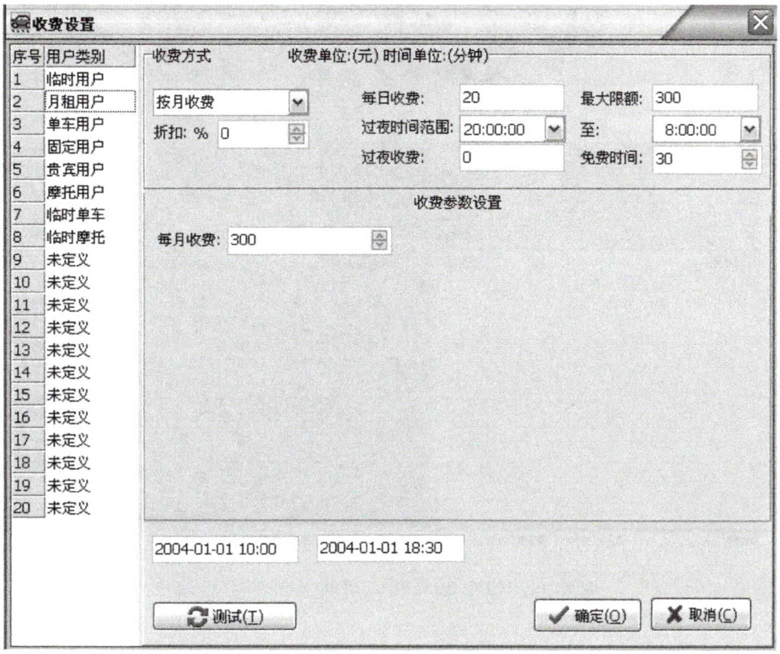

图 6-25 "收费设置-月租用户"对话框

7. 月租交费设置

单击菜单"数据库→月租交费"。

月租交费可以分为单用户和多用户。多用户操作一般在首次使用系统时使用，可以设置一批月租卡，一次性设置有效期限。而单用户操作一般在平时某个用户月租卡过期时间使用，只需要输入编号及有效期限后单击"确定"按钮即可。

8. 挂失、解挂

单击菜单"数据库→挂失/解挂"，即弹出"卡片操作"对话框，如图 6-26 所示。本功能可对用户卡进行挂失、解挂和注销操作。

（九）客户端软件应用

双击计算机桌面上的"停车场客户端"图标，启动系统，系统会显示图 6-27 所示界面。

图 6-26 "卡片操作"对话框

图 6-27 停车库（场）管理系统用户登录界面

系统初始用户名为"Admin"，密码为"123"。

1. 系统主界面

系统主界面左边为入口的实时监控画面，右边为实时信息，如图 6-28 和图 6-29 所示。

179

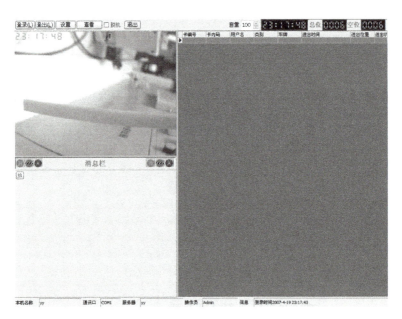

图 6-28 停车库（场）管理系统的主界面

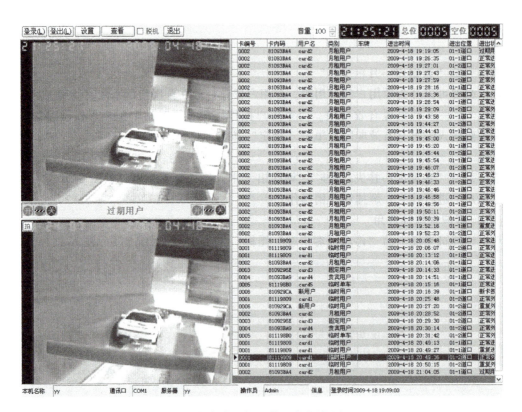

图 6-29 停车库（场）管理客户端监视界面

1）开关进口道闸：单击计算机界面中上下两个图像之间左边的"开"按钮，入口道闸会打开；单击计算机界面中上下两个图像之间左边的"关"按钮，入口道闸会关闭。

2) 开关出口道闸：单击计算机界面中上下两个图像之间右边的"开"按钮，出口道闸会打开；单击计算机界面中上下两个图像之间右边的"关"按钮，出口道闸会关闭。

3) 监视进口：该按钮位于"进口开闸"和"进口关闸"之间，单击后左上方屏幕将显示入口摄像机拍摄到的图像。

4) 监视出口：该按钮位于"出口开闸"和"出口关闸"之间，单击后左上方屏幕将显示出口摄像机拍摄到的图像。

5) 拍照：该按钮位于图 6-29 中左边"开"按钮的下方，单击后左上方屏幕的图像将被抓取到左下方屏幕，实现手动拍照。

2. 客户端设置

单击菜单"设置→设置停车场参数"，出现"停车场设置"对话框，如图 6-30 所示。

1) 车场参数。系统默认临时车不输入车牌，非临时用户（月租）自动放行，不控制重复进出，操作员可以根据实际情况更改规则，如图 6-31 所示。

图 6-30 "停车场设置"对话框

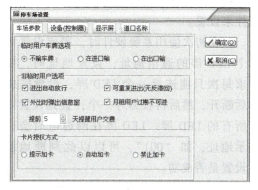

图 6-31 "停车场设置-车场参数"标签页

2) 卡片授权方式。单击菜单"设置→设置停车场参数"，在弹出的"停车场设置"对话框中单击"车场参数"标签。前面的操作都是在使用默认的"自动加卡"情况下进行的，如果设为"提示加卡"，当刷新卡后将出现图 6-32 所示对话框。单击"是"按钮即添加用户，单击"否"按钮则不添加用户。

如果设为"禁止加卡"，刷新卡后入口音箱将发出"无效卡"的声音，同时在软件主监视界面中可以看到"无效通行"的记录。

图 6-32 "停车场设置-卡片授权提示"对话框

3) 临时用户车牌选项。单击菜单"设置→设置停车场参数"，在弹出的"停车场设置"对话框中单击"车场参数"标签。前面操作都是在使用默认的"不输车牌"情况下进行的，如果设为"在进口输"，当临时用户（如用户 card1）刷卡后将出现图 6-33 所示对话框，输入车牌后入口才开闸。

4) 设备（控制器）。若无特殊说明，控制设备类型默认为"REC8202"，通信串口为自动查找，也可以指定串口，开闸时间一般设为 1~3s，如图 6-34 所示。

图 6-33 "停车场设置-车辆进场处理"对话框

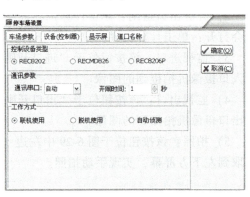

图 6-34 "停车场设置-设备（控制器）"标签页

5）显示屏。该窗口仅设置地址部分有效，其他部分由桌面上的显示器设置软件来设置。

在初次使用系统硬件时，需要设置每个 LED 屏的通信地址，设置地址时，要求每次只能连接一个 LED 屏，设置完成后断开，然后再接另外一个，直到设置完所有的 LED 屏。LED 屏在刚通电时会显示地址，如"001"，可以以此判断地址设置是否成功。

提示：进口 LED 屏地址设为 1，出口设为 2。

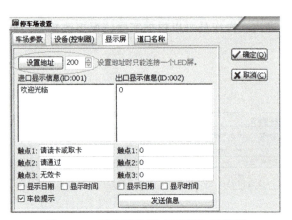

图 6-35 "停车场设置-显示屏"标签页

单击菜单"设置→设置停车场参数"，在弹出的"停车场设置"对话框中单击"显示屏"标签，如图 6-35 所示。

6）道口名称。根据实际情况自行设置，如图 6-36 所示。其中，道口级别大于 0 时，表示此道口为内部车库的道口，只允许月租车辆进入。

图 6-36 "停车场设置-道口名称"标签页

3. 查看功能

（1）查看场内车辆

“场内车辆查询”界面中包含了当前在停车库（场）中车辆的各种信息，主要包括进场时间、类别、车牌号等信息，如图 6-37 所示。

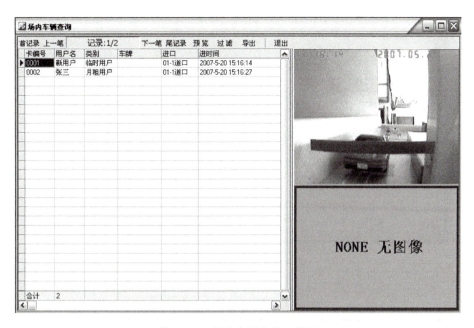

图 6-37 “场内车辆查询”界面

（2）当日明细

单击菜单“查看→当日明细”，可显示当日停车明细，如图 6-38 所示。

卡编号	用户名	类别	车牌	进口	进时间
0004	card4	贵宾用户		01-1道口	2009-4-18 16:12:10
0004	card4	贵宾用户		01-1道口	2009-4-18 16:13:00
0002	card2	月租用户		01-1道口	2009-4-18 16:29:37
0003	card3	固定用户		01-1道口	2009-4-18 16:54:33
0004	card4	贵宾用户		01-1道口	2009-4-18 16:55:18
0005	card5	临时单车		01-1道口	2009-4-18 16:56:41
0002	card2	月租用户		01-1道口	2009-4-18 19:26:35
0002	card2	月租用户		01-1道口	2009-4-18 19:27:43
0002	card2	月租用户		01-1道口	2009-4-18 19:28:16
0002	card2	月租用户		01-1道口	2009-4-18 19:28:54

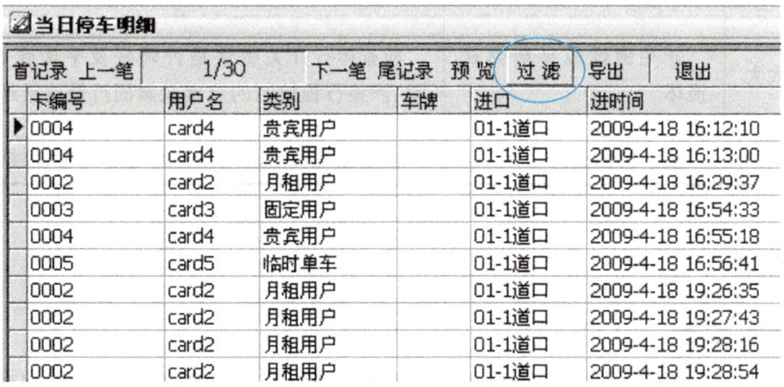

图 6-38 “当日停车明细”界面

（3）车主资料

单击菜单“查看→车主资料”，可显示车主信息，如图 6-39 所示。

（十）常见故障及排除方法

表 6-2 所列为停车库（场）管理系统常见故障现象及排除方法。

图 6-39 "车主资料"界面

表 6-2 常见故障现象及排除方法

故障现象	可能原因	排 除 方 法
系统不运行	电源异常	检查电源是否正常、电源线的接触情况、设备是否通电
软件不能运行	通信设置有误	检查计算机、控制器、读卡器之间串口是否正常检查软件设置中设备地址与实际设置地址是否一致
道闸不能起落杆	供电电源问题	测量电压是否在(220±10)V 范围内
道闸不到位、抖动太大	开关磁铁或平衡弹簧损坏	检查运行开关磁铁是否调好及平衡弹簧拉力是否过松或过紧,调整行程控制的位置及紧固拉簧连接螺栓
机箱内有异常响动	轴承机械故障	检查轴承和活动连接部分是否异常,加润滑油或更换轴承

三、标准规范

(一) 工程施工要求

安全防范工程施工单位应根据深化设计文件编制施工组织方案,落实项目组成员,并进行技术交底。进场施工前应对施工现场进行相关检查。

线缆敷设前应进行导通测试。线缆应自然平直布放,不应交叉缠绕打圈。线缆接续点和终端应进行统一编号、设置永久标识,线缆两端、检修孔等位置应设置标签。

线缆穿管管口应加护圈,防止穿管时损伤导线。导线在管内或线槽内不应有接头或扭结。导线接头应在接线盒内焊接或用端子连接。

设备安装前,应对设备进行规格型号检查、通电测试。设备安装应平稳、牢固、便于操作维护，避免人身伤害，并与周边环境相协调。

停车库（场）管理系统设备安装应符合下列规定：

1）读卡机（IC 卡机、磁卡机、出票读卡机、验卡票机）与挡车器安装应平整，保持与水平面垂直、不得倾斜，读卡机应方便驾驶人读卡操作；当安装在室外时，应考虑防水及防撞措施。

2）读卡机与挡车器的中心间距宜大于 2800mm，读卡区域的安装高度宜大于 900mm。

3）读卡机（IC 卡机、磁卡机、出票读卡机、验卡票机）与挡车器感应线圈埋设位置与埋设深度应符合设计要求或产品使用要求。感应线圈至机箱处的线缆应采用金属管保护，并注意与环境相协调。

4）智能摄像机安装的位置和角度应满足车辆号牌字符、号牌颜色、车身颜色、车辆特征、人员特征等相关信息采集的需要。

5）车位状况信号指示器应安装在车道出入口的明显位置，安装高度应为 2.0~2.4m，安装在室外时，应考虑防水措施。

6）车位引导显示器应安装在车道中央上方，便于识别与引导。

7）出入口设置安全岛、防撞设施等相应的保护措施。

8）感应线圈埋设位置居中，与读卡器、闸门机的中心间距宜为 0.9~1.2m。

9）挡车器应安装牢固、平整；安装在室外时，应采取防水、防撞、防砸措施。

另外，监控中心控制、显示等设备屏幕应避免阳光直射，当不可避免时，应采取避光措施。在控制台、机柜（架）、电视墙内安装的设备应有通风散热措施，内部插接件与设备连接应牢靠。设备金属外壳、机架、机柜、配线架、金属线槽和结构等应进行等电位联结并接地。

（二）系统调试要求

系统调试前，应根据设计文件、设计任务书、施工计划编制系统调试方案。系统调试过程中，应及时、真实填写调试记录。系统调试完毕后，应编写调试报告。系统的主要性能、性能指标应满足设计要求。

系统调试前，应检查工程的施工质量，查验已安装设备的规格、型号、数量、备品备件等。系统在通电前应检查供电设备的电压、极性、相位等。应对各种有源设备逐个进行通电检查，工作正常后方可进行系统调试。

停车库（场）管理系统调试应至少包含下列内容：

1）读卡机、检测设备、指示牌、挡车/阻车器等。

2）读卡机刷卡的有效性及其响应速度。

3）线圈、摄像机、射频、雷达等检测设备的有效性及响应速度。

4）挡车/阻车器开放和关闭的动作时间。

5）车辆进出、号牌/车型复核、指示/通告、车辆保护、行车疏导等。

6）与停车库（场）安全管理系统相关联的停车收费系统设置、显示、统计与管理。

7）停车库（场）安全管理系统的其他功能。

（三）工程质量验收

表 6-3 为停车库（场）管理系统分项工程质量验收记录表。

表 6-3 停车库（场）管理系统分项工程质量验收记录表

单位(子单位)工程名称				子分部工程	安全防范系统
分项工程名称			停车场(库)管理系统	验收部位	
施工单位				项目经理	
施工执行标准名称及编号					
分包单位				分包项目经理	
检测项目(主控项目)				检查评定记录	备注
1	车辆探测器	出入车辆检测灵敏度			各项系统功能和软件功能全部检测，功能符合设计要求为合格，合格率为100%为系统检测合格。其中，车辆识别系统对车辆识别率达98%时为合格
		抗干扰性能			
2	挡车器(自动栅栏、道闸)	升降功能			
		防砸车功能			
3	读卡器	无效卡识别			
		非接触卡读卡距离和灵敏度			
4	发卡(票)器	吐卡功能			
		入场日期及时间记录			
5	满位显示器	功能是否正常			
6	管理中心	计费			
		显示			
		收费			
		统计			
		信息存储记录			
		与监控站通信			
		防折返			
		空车位显示			
		数据记录			
7	有图像功能的管理系统	图像记录清晰度			
		调用图像情况			
8		联动功能			

检测意见：

监理工程师签字：　　　　　　　　　　　　检测机构负责人签字：
(建设单位项目专业技术负责人)
日期：　　　　　　　　　　　　　　　　　日期：

（四）技术标准规范

1)《智能建筑设计标准》(GB 50314—2015)。

2)《智能建筑工程质量验收规范》(GB 50339—2013)。
3)《安全防范工程技术标准》(GB 50348—2018)。
4)《建筑电气工程施工质量验收规范》(GB 50303—2015)。
5)《停车库(场)安全管理系统技术要求》(GA/T 761—2008)。
6)《停车库(场)出入口控制设备技术要求》(GA/T 992—2012)。
7)《停车服务与管理信息系统通用技术条件》(GA/T 1302—2016)。

(五)系统发展趋势

停车不仅仅是缴费,应该是一个"停前—停中—停后"的全流程服务闭环,包括"停前"查询目的地交通路线、查询停车场、查询剩余车位信息、预定停车位等;"停中"的行车导航、语音交互提示车位剩余变动、到场无车位主动推荐周边车位、到场自动切换室内导航等;"停后"的引导入位、停车优惠推荐、停车计费展示、记车位/找位、停车缴费开票快速离场等。

随着我国经济快速发展、城市化进程不断加速,人们的生活水平日益提高,机动车保有量快速增长,但基础设施(车位)供给不足,从而导致停车供需矛盾突出。

"让停车更便捷"其实不仅承载着政府、停车管理单位的初心与使命,更是所有车主的心声与需求。基于5G、物联网、大数据、视频图像处理等技术,打造"精准、定向、场景细分"的停车管理平台,满足车位供需关系以助力解决"停车难"问题,构建社会主义和谐社会,将是未来停车管理的发展趋势。

工作任务

一、任务导入

锦城花园酒店位于城市的中心地段,地理位置优越,是集住宿、商务、餐饮、娱乐、休闲度假于一体的好去处。酒店为客人提供停车位并负责保管车辆的行为是服务合同中的一部分,并且是包含在住宿餐饮费用中的有偿服务。酒店地下停车库拟采用一进一出、独立道闸系统,需要安装停车库(场)管理系统,请进行方案设计。具体任务如下:

1) 根据任务需求绘制停车库(场)管理系统图。
2) 分析停车库管理系统的结构、规模,用表格形式列出所需要的设备材料清单(名称、型号、规格、数量等内容)。
3) 在实训模块上进行停车库(场)管理系统设备、元器件的安装与接线。
4) 在实训模块上进行停车库(场)管理系统硬件和软件的调试。

二、任务分析

首先根据任务要求绘制停车库(场)管理系统图,确定需要设置的入口控制机、出口控制机、地感线圈、道闸、发卡器、读卡器和各类导线的数量,再参照实训设备选择设备型号和管理系统软件,最后进行设备安装、接线和调试。

三、任务决策

分组讨论锦城花园酒店停车库(场)管理系统设计方案,绘制停车库(场)管理系统图(图6-40),填写设备选型及配置表(表6-4)。

（一）绘制管理系统图

图 6-40　停车库（场）管理系统图

（二）设备选型及配置

表 6-4　设备选型及配置表

序号	名　称	型号	规格	数量
1	入口控制机			
2	入口道闸			
3	车辆检测器			
4	读卡器			
5	出口控制机			
6	出口道闸			
7	可脱机管理机			
8	ID 卡			

▶ 计划制订

一、工作计划

学习施工流程图，分组讨论并制订工作计划，填写工作计划表（表 6-5）。

表 6-5　工作计划表

流水号	工作阶段	工作要点备注	资料清单	工作成果
1	设备准备			
2	设备安装			
3	弱电布线			
4	布线验收			
5	系统调试			
6	系统验收			

二、材料清单

根据制订的锦城花园酒店停车库（场）管理系统设计方案列举任务实施中需要用到的

材料，填写材料清单表，见表 6-6。

表 6-6 材料清单表

序号	名　　称	型号与规格	功能	选型依据
1				
2				
3				
4				
5				
6				
7				
8				
9				
10				
11				

任务实施

一、器件安装

在网孔板上模拟安装部分设备、元器件，安装位置如图 6-41 所示。实训模块安装完成后进行小组互查，填写元器件安装检查表，见表 6-7。

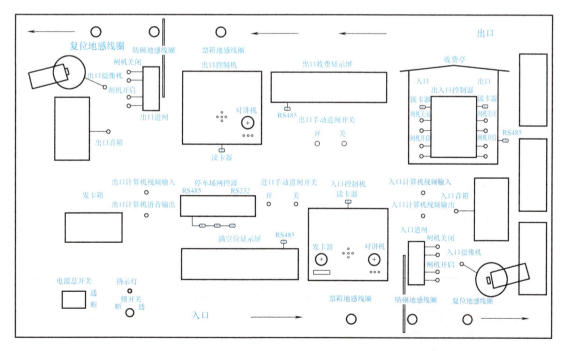

图 6-41 实训模块安装示意图

表6-7 元器件安装检查表

序号	名　　称	负责人	安装位置检查	安装可靠性检查
1	入口控制机			
2	出口控制机			
3	网络控制器			
4	入口道闸			
5	出口道闸			
6	插座			
7	控制电源			
8	网络线			

二、工艺布线

在实训设备上模拟进行部分设备、元器件接线,接线示意图如图6-20所示。实训模块接线完成后进行小组互查,填写工艺布线检查表,见表6-8。

表6-8 工艺布线检查表

序号	名　　称	负责人	正确性检查
1	出入口控制机—入口读卡器		
2	出入口控制机—入口道闸		
3	出入口控制机—出口读卡器		
4	出入口控制机—出口道闸		
5	入口摄像机—入口计算机视频输入		
6	入口计算机语音输出—入口音箱		
7	出口摄像机—出口计算机视频输入		
8	出口计算机语音输出—出口音箱		
9	停车场网控器—满空位显示屏		
10	停车场网控器—出口收费显示屏		
11	停车场网控器—出入口控制机		

三、系统调试

根据调试项目完成停车库(场)管理系统的设置和调试,填写系统调试检查表,见表6-9。

表6-9 系统调试检查表

序号	名　　称	负责人	检查确认	备注
1	手动按钮开关道闸			
2	感应卡出入调试(道闸、空车位、声音提示、显示屏信息)			

(续)

序号	名　称	负责人	检查确认	备注
3	防砸车、防尾随			
4	车主资料			
5	收费设置			
6	车场参数设置			
7	入场及出场功能			
8	记录查询			

四、故障分析

针对停车库（场）管理系统在调试过程中发现的故障，分组进行分析和排除，填写故障检查表，见表6-10。

表6-10　故障检查表

序号	故障内容	负责人	故障解决方法
1			
2			
3			
4			
5			
6			

五、工作记录

回顾停车库（场）管理系统安装与调试项目的工作过程，填写工作记录表，见表6-11。

表6-11　工作记录表

项目名称　停车库(场)管理系统的安装与调试

日期：＿＿＿＿年＿＿＿＿月＿＿＿＿日　　　　记录人：＿＿＿＿＿＿＿

工作内容：

资料/媒体：

工作成果：

问题解决：

（续）

需要进一步处理的内容：

小组意见：

日期：　　　　　　　　　　　　　　　学生签字：

日期：　　　　　　　　　　　　　　　教师签字：

任务验收

根据表 6-12 所列调试项目进行停车库（场）管理系统安装与调试的验收，完成三方评价。

表 6-12　停车库（场）管理系统安装与调试验收记录表

项　　目			评定记录			
			自评	组评	师评	总评
1	车辆探测器	出入车辆检测灵敏度				
		抗干扰性能				
2	道闸	升降功能				
		防砸车功能				
3	读卡器	无效卡识别				
		读卡距离				
4		发卡机				
5		显示屏				
6	管理中心	计费				
		收费				
		统计				
7	摄像机	图像清晰				
		图像调用情况				
8		联动功能				
9		职业素养				
10		安全文明				

小组意见：

组长签字：　　　　　　　　　　　　　教师签字：

日期：　　　　　　　　　　　　　　　日期：

项目六 停车库（场）管理系统的安装与调试

工作评价

根据停车库（场）管理系统项目完成情况，由小组和教师填写工作评价表，见表6-13。

表 6-13 停车库（场）管理系统安装与调试工作评价表

学习小组			日期		
团队成员					
评价人	□ 教师　□ 学生				
1. 获取信息					
评价项目	记录	得分	权重	综合	
专业能力			0.45		
个人能力			0.1		
社会能力			0.1		
方法和学习能力			0.35		
得分(获取信息)			1		
2. 决策和计划					
评价项目	记录	得分	权重	综合	
专业能力			0.45		
个人能力			0.1		
社会能力			0.1		
方法和学习能力			0.35		
得分(决策和计划)			1		
3. 实施和检查					
评价项目	记录	得分	权重	综合	
专业能力			0.45		
个人能力			0.1		
社会能力			0.1		
方法和学习能力			0.35		
得分(实施和检查)			1		
4. 评价和反思					
评价项目	记录	得分	权重	综合	
专业能力			0.45		
个人能力			0.1		
社会能力			0.1		
方法和学习能力			0.35		
得分(评价和反思)			1		

课后作业

1. 请简述停车库（场）管理系统的分类。
2. 请简述停车库（场）管理系统的功能。
3. 停车库（场）管理系统实训模块调试项目有哪些？
4. 请简述停车库（场）管理系统的工程施工要求。
5. 如何增加临时用户和月租用户？
6. 非临时用户车场参数设置有哪些项目？
7. 对于停车库（场）管理系统任务分析、决策、计划、实施、检查和评价过程中发现的问题进行归纳，列举改进和优化措施。
8. 请简述地感线圈车辆检测器的作用。
9. 请简述停车库（场）管理系统的设计原则。
10. 停车库（场）管理系统故障的原因和排除方法有哪些？
11. 停车库（场）管理系统安装与调试验收记录表有哪些内容？

参 考 文 献

[1] 蔡跃. 职业教育活页式教材开发指导手册 [M]. 上海：华东师范大学出版社，2020.
[2] 张小明. 楼宇智能化系统与技能实训 [M]. 3版. 北京：中国建筑工业出版社，2018.
[3] 张自忠. 智能楼宇管理员技能实训 [M]. 北京：中国电力出版社，2016.